电气自动化技能型人才实训系列

西门子S7-1200 PLC

应用技能实训

陈立香　张天洪　高文娟　杨　波　肖明耀　编著

中国电力出版社
CHINA ELECTRIC POWER PRESS

内 容 提 要

PLC 技术是从事工业自动化、机电一体化的技术人员应掌握的重要实用技术。本书采用以工作任务驱动为导向的项目训练模式，通过任务驱动技能训练，帮助读者快速掌握西门子 S7-1200 系列 PLC 的项目创建与硬件配置等基础知识，以及程序设计方法与技巧。部分项目后面设有技能提高训练内容，可全面提高读者西门子 S7-1200 系列 PLC 的综合应用能力。

全书包括 12 个项目，分别为认识西门子 S7-1200 PLC、学会使用 TIA 博途 PLC 编程软件、用 PLC 控制三相交流异步电动机、定时控制及其应用、计数控制及其应用、步进顺序控制、交通信号灯控制、模块化控制、电梯控制、机械手控制、步进电机控制和模拟量控制，每个项目设有 1～2 个训练任务。

本书贴近教学实际，可作为电气类、机电类高技能人才的培训教材，也可作为大专院校、高职院校、技工院校相关专业的教材，还可作为工程技术人员、技术工人、军地两用高技能人才的参考学习资料。

图书在版编目(CIP)数据

西门子 S7-1200 PLC 应用技能实训/陈立香等编著 . —北京：中国电力出版社，2019.7

电气自动化技能型人才实训系列

ISBN 978-7-5198-3182-0

Ⅰ. ①西…　Ⅱ. ①高…　Ⅲ. ①PLC 技术-教材　Ⅳ. ①TM571.61

中国版本图书馆 CIP 数据核字（2019）第 096281 号

出版发行：中国电力出版社
地　　址：北京市东城区北京站西街 19 号（邮政编码 100005）
网　　址：http://www.cepp.sgcc.com.cn
责任编辑：杨　扬(y-y@sgcc.com.cn)
责任校对：黄　蓓　马　宁
装帧设计：赵姗姗
责任印制：杨晓东

印　　刷：三河市航远印刷有限公司
版　　次：2019 年 7 月第一版
印　　次：2019 年 7 月北京第一次印刷
开　　本：787 毫米×1092 毫米　16 开本
印　　张：12.25
字　　数：325 千字
印　　数：0001—2000 册
定　　价：49.00 元

前　言

　　《电气自动化技能型人才实训系列》为电气类高技能人才的培训教材，以培养学生实际综合动手能力为核心，采取以工作任务为载体的项目教学方式，淡化理论、强化应用方法和技能的培养。本书为《电气自动化技能型人才实训系列》之一。

　　可编程控制器（PLC）是微电子技术、继电器控制技术和计算机及通信技术相结合的新型通用的自动控制装置。PLC 具有体积小、功能强、可靠性高、使用便利、易于编程控制、适用工业应用环境等一系列优点，便于应用于机械制造、电力、交通、轻工、食品加工等行业，既可应用于旧设备改造，也可用于新产品的开发，在机电一体化、工业自动化方面的应用极其广泛。

　　PLC 是从事工业自动化、机电一体化的技术人员应掌握的实用技术之一。本书采用以工作任务驱动为导向的项目训练模式，介绍工作任务所需的 PLC 基础知识和完成任务的方法，通过完成工作任务的实际技能训练提高 PLC 综合应用技巧和技能。

　　全书分为认识西门子 S7-1200 PLC、学会使用 TIA 博途 PLC 编程软件、用PLC 控制三相交流异步电动机、定时控制及其应用、计数控制及其应用、步进顺序控制、交通信号灯控制、模块化控制、电梯控制、机械手控制、步进电机控制和模拟量控制 12 个项目，每个项目设有 1~2 个训练任务，通过任务驱动技能训练，掌握 PLC 的基础知识、PLC 程序设计方法与技巧，部分项目后面设有技能提高训练内容，全面提高读者 PLC 的综合应用能力。

　　本书由陈立香、张天洪、高文娟、杨波、肖明耀编著。

　　由于编写时间仓促，加上作者水平有限，书中难免存在错误和不妥之处，恳请广大读者批评指正。

作　者

目 录

前言

项目一 │ 认识西门子 S7-1200 PLC ···································· 1

    任务 1　认识 S7-1200 PLC 的硬件 ································· 1

    任务 2　S7-1200 系列 PLC 编程基础 ······························ 7

项目二 │ 学会使用 TIA 博途 PLC 编程软件 ······················ 17

    任务 3　应用 TIA 博途 PLC 编程软件 ···························· 17

项目三 │ 用 PLC 控制三相交流异步电动机 ······················ 32

    任务 4　用 PLC 控制三相交流异步电动机的启动与停止 ·············· 32

    任务 5　三相交流异步电动机正反转控制 ·························· 51

项目四 │ 定时控制及其应用 ································ 56

    任务 6　定时控制三相交流异步电动机 ··························· 56

    任务 7　三相交流异步电动机的星—三角（Y—△）降压启动控制 ········ 62

项目五 │ 计数控制及其应用 ································ 74

    任务 8　工作台循环移动的计数控制 ···························· 74

项目六 │ 步进顺序控制 ···································· 84

    任务 9　用步进顺序控制方法实现星—三角（Y—△）降压启动控制 ······ 84

    任务 10　简易机械手控制 ································· 90

项目七 │ 交通信号灯控制 ·································· 99

    任务 11　定时控制交通信号灯 ······························ 99

    任务 12　步进、计数控制交通灯 ···························· 103

项目八 │ 模块化控制 ····································· 110

    任务 13　函数控制 ···································· 110

项目九 │ 电梯控制 ······································· 117

    任务 14　三层电梯控制 ································· 117

    任务 15　带旋转编码器的电梯控制 ·························· 122

项目十 │ 机械手控制 ····································· 139

    任务 16　滑台移动机械手控制 ····························· 139

项目十一 步进电机控制 146

    任务 17 控制步进电机 ·· 146

    任务 18 步进电机定位机械手控制 ································· 155

项目十二 模拟量控制 178

    任务 19 模拟量混料控制 ·· 178

项目一 认识西门子 S7-1200 PLC

 学习目标

（1）了解可编程序控制器的结构。

（2）掌握可编程序控制器的工作原理。

任务 1 认识 S7-1200 PLC 的硬件

 基础知识

一、S7-1200 PLC

（一）可编程序控制器

可编程序控制器（简称 PLC）是继电器控制技术、计算机技术、微电子技术相结合的工控电子产品。因为它体积小，重量轻、能耗低、可靠性高、抗干扰能力强、使用和维护方便，所以越来越广泛地应用于工业自动控制系统中。

（二）西门子 S7-1200 PLC

西门子 S7-1200 PLC 是一种模块化的小型 PLC，使用灵活、功能强大，可用于控制各种各样的设备，以满足用户的自动化需求。S7-1200 PLC 设计紧凑、组态灵活，且具有功能强大的指令集，这些特点的组合使它成为控制各种应用的完美解决方案。

1. CPU 模块

CPU 将微处理器、集成电源、输入和输出电路、内置 PROFINET、高速运动控制 I/O，模拟量输入等组合到一个设计紧凑的外壳中，形成功能强大的控制器。下载用户程序后，CPU 将包含监控应用中的设备所需的逻辑。

CPU 根据用户程序逻辑，采集输入、输出信息，执行用户程序，更新输出，完成各种自动化控制。

CPU 提供一个 PROFINET 端口用于通过 PROFINET 网络通信。还可使用附加模块通过 PROFIBUS、GPRS、RS485、RS232、RS422、IEC、DNP3 等和 WDC（宽带数据通信）网络进行通信。

CPU 模块如图 1-1 所示。

（1）电源接口：用于 S7-1200 PLC 与 PC 或手持编程器进行通信连接。

（2）存储卡插槽（上部保护盖下面）。

（3）可拆卸用户接线连接器（保护盖下面）。

（4）I/O 的状态 LED 指示灯。

（5）PROFINET 连接器（CPU 的底部）。

任务 1

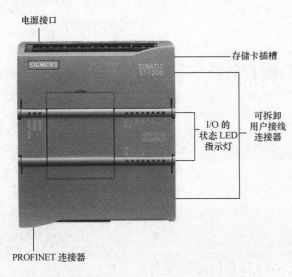

图 1-1　CPU 模块

2. 信号板

S7-1200 PLC 的信号板用于扩展 PLC 的功能，它一般插入 CPU 的正面规定区域，用于扩展数字量输入/输出（I/O）、模拟量输入/输出（I/O）、温度检测、通信等。

3. 信号模块

S7-1200 PLC 的信号模块用于扩展 PLC 的功能，它一般连接在 CPU 的右侧，用于扩展数字量输入/输出、模拟量输入/输出、温度检测等。输入/输出模块通常简称 I/O 模块。数字量（开关量）输入、数字量输出模块分别简称为 DI、DO 模块。模拟量输入、模拟量输出模块分别简称为 AI、AO 模块。它们统称为信号模块，简称为 SM。

4. 通信模块

通信模块连接在 CPU 的左侧，最多可以连接 3 个。可以使用点对点通信模块、工业远程通信模块，PROFIBUS 模块等。

5. 编程软件

TIA 是全集成自动化（Totally Integrated Automation）的简称，TIA Portal（TIA 博途）是西门子全新的自动化工程设计平台，S7-1200 使用 TIA 博途中的基本版（STEP7 Basic）或专业版（STEP7 Professional）。

STEP 7 软件提供了一个用户友好的环境，供用户开发、编辑和监视控制应用所需的逻辑，其中包括用于管理和组态项目中所有设备（如控制器和 HMI 等设备）的工具。为了帮助用户查找需要的信息，STEP 7 提供了内容丰富的在线帮助系统。

STEP 7 提供了标准编程语言，用于方便高效地开发适合用户具体应用的控制程序。

（1）LAD（梯形图逻辑）是一种图形编程语言，它使用基于电路图的表示法。

（2）FBD（函数块图）是基于布尔代数中使用的图形逻辑符号的编程语言。

（3）SCL（结构化控制语言）是一种基于文本的高级编程语言。

用户程序可以使用由任意或所有编程语言创建的代码块。

（三）S7-1200 PLC 的 CPU 模块

S7-1200 PLC 的 CPU 模块由中央处理单元 CPU、存储器、输入/输出（I/O）接口电路等组成。

1. 中央处理单元 CPU

在可编程程序控制系统中，CPU 模块是可编程控制器的核心，它循环执行输入信号采集、执行用户程序、刷新系统输出等任务。

（1）从存储器中读取指令。CPU 从地址总线上给出存储地址，从控制总线上给出读命令，从数据总线上获取读出的指令，并存入 CPU 内的指令寄存器中。

（2）执行指令。对存放在指令寄存器中的指令操作码进行译码，执行指令规定的操作。CPU 执行完一条指令后，能根据条件产生下一条指令的地址，以便取出和执行下一条指令，在 CPU

的控制下，程序指令既可以顺序执行，也可以分支或跳转。

（3）处理中断。CPU 除执行顺序程序外，还能接收输入接口、定时器、计数器等发来的中断请求，并进行中断处理，中断处理完后，再返回原址，继续顺序执行。

2. 存储器

存储器是具有记忆功能的半导体电路，用来存放系统程序、用户程序、逻辑变量和其他一些信息。PLC 内部的存储器有系统程序存储器和用户存储器两类。

（1）系统程序存储器。系统程序存储器用于存放系统程序。系统程序是用来控制和完成 PLC 各种功能的程序，如为用户提供的通信控制程序、监控程序、故障诊断程序、命令解释程序、模块化应用功能子程序及其他各种管理程序。

（2）用户存储器。用户存储器包括用户程序存储器及工作数据存储器。用户程序存储器是用来存放用户程序的。用户程序是指使用者根据工程现场的生产过程和工艺要求编写的控制程序。工作数据存储器用来存放控制过程中需要不断改变的输入/输出（I/O）信号、计数值、定时器当前值、运算的中间结果、各种工作状态等。用户存储器有 RAM、EPROM 和 EEPROM 3 种类型。

3. 输入/输出接口电路

通过输入/输出接口电路的接线端子将 PLC 与现场各种输入、输出设备连接起来。输入接口电路通过输入接线端子接收来自现场的各种输入信号；输出接口电路将中央电路处理器送出的弱电控制信号转换成现场需要的强电信号通过接线端子输出，以驱动电磁阀、接触器、信号灯和小功率电动机等被控设备的执行元件。

（1）输入接口电路。输入接口电路包括输入接线端子和光电耦合器等元器件，PLC 的各种控制信号，如操控按钮、行程开关及其他一些传感器输出的开关量等，通过输入接口电路将这些信号转换成 CPU 能够接收和处理的标准电信号。光电耦合器使外部输入信号与 PLC 内部电路之间无直接的电磁联系，通过这种隔离措施可以有效防止现场干扰串入 PLC，提高了 PLC 的抗干扰能力。输入信号分开关量、模拟量和数字量 3 类，用户处理较多的是开关量。

（2）输出接口电路。可编程控制器的输出形式有继电器输出、晶闸管输出和晶体管输出 3 种，无论哪种方式都能有效地防止因外部电路故障而影响到 PLC 内部电路，保证 PLC 的输出安全可靠。输出接口电路包括输出驱动电路、输出继电器（晶闸管或晶体管）、输出接线端子等。

1）继电器输出型是利用继电器线圈与输出触点，将 PLC 内部电路与外部负载电路进行电气隔离。

2）晶闸管输出型是采用光控晶闸管，将 PLC 的内部电路与外部负载电路进行电气隔离。

3）晶体管输出型是采用光电耦合器将 PLC 内部电路与输出晶体管进行隔离。

4. CPU 模块基本性能

（1）可以使用梯形图 LAD、功能块图 FDB 和结构化控制语言 SCL 这 3 种编程语言，布尔逻辑位处理指令执行速度是 $0.08\mu s$，字传送处理指令执行速度是 $1.7\mu s$，浮点数处理指令执行速度是 $2.3\mu s$。

（2）集成了最大 150KB 的工作寄存器、最大 4MB 的装载寄存器和最大 10KB 的保持寄存器。CPU1211C 和 CPU1212C 的位寄存器 M 为 4096B，其他的 CPU 的位寄存器 M 为 8192B。

（3）输入输出映像寄存器各 1024B。集成的输入电路类型为漏型/源型，电压为 24V，电流为 4mA。

（4）继电器输出电压范围是 DC 0～30V 或 AC 0～250V，最大电流 2A。

（5）脉冲输出最多 4 路，一般的 DC/DC/DC 型 CPU 输出频率最大 100kHz，CPU1217 可达

1MHz。通信板输出可达 200kHz。

（6）2 点集成模拟输入，电压 0～10V，10 位分辨率，输入电阻大于等于 100kΩ。

（7）CPU1215C、CPU1217C 有 2 个 PROFINET 以太网接口，其他的 CPU 有 1 个，速率是 10M/100Mbit/s。

5. CPU 型号比较

S7-1200 有 5 种型号 CPU 模块，每种 CPU 模块可扩展 1 块信号板、左侧可扩展 3 个通信模块，右侧最多可扩展 8 个模块。CPU 型号比较见表 1-1。

表 1-1 CPU 型号比较

特性	CPU 1211C	CPU 1212C	CPU 1214C	CPU 1215C	CPU 1217C
本地数字 I/O	6 点输入/4 点输出	8 点输入/6 点输出	14 点输入/10 点输出	14 点输入/10 点输出	14 点输入/10 点输出
本地模拟 I/O	2 路输入	2 路输入	2 路输入	2 路输入、2 路输出	2 路输入、2 路输出
工作存储器容量	50KB	75KB	100KB	125KB	150KB
装载存储器容量	1MB	1MB	4MB	4MB	4MB
最大数字 I/O	14	82	284	284	284
最大模拟 I/O	13	19	67	69	69
位存储器容量	4096B	4096B	8192B	8192B	8192B
信号模块（SM）扩展	无	2	8	8	8
高速计数器	最多可以组态 6 个				
脉冲输出（最多 4 点）	100kHz	100kHz 或 30kHz	100kHz 或 30kHz	100kHz 或 30kHz	1MHz 或 100kHz

每种 CPU 有 3 种不同输入输出电压版本，CPU 版本见表 1-2。

表 1-2 CPU 版本

版本	电源电压	DI 电压	DO 电压	DO 电流
DC/DC/DC	DC24V	DC24V	DC24V	0.5A
DC/DC/Relay	DC24V	DC24V	DC5～30V 或 AC5～250V	2A，DC30W/AC200W
AC/DC/Relay	AC85～264V	DC24V	DC5～30V 或 AC5～250V	2A，DC30W/AC200W

（四）CPU 的集成工艺功能

S7-1200 的 CPU 的集成工艺功能包括高速计数与频率测量、高速脉冲输出、PWM 控制、运动控制和 PID 控制。

1. 高速计数功能

最大可组态 6 个内置或信号板输入的高速计数器，CPU1217C 最高频率为 1MHz。其他为 100kHz。如果使用信号板，最高计数频率 200kHz。

2. 高速输出

各种型号 CPU 最多 4 点高速脉冲输出，CPU1217C 高速脉冲输出为 1MHz。其他为 100kHz。

如果使用信号板，高速脉冲输出 200kHz。

3. 运动控制

S7-1200 的高速脉冲输出可用于步进电机或伺服电机的速度和位置控制，完成各种运动控制功能。

4. 用于闭环的 PID 控制

PID 控制用于对闭环过程的控制，PID 控制回路要少于 16 路。STEP7 可以直观显示曲线图，支持 PID 参数自整定，可以自动计算 PID 参数的最佳调节值。

二、S7-1200 可编程序控制器的信号板与信号模块

（一）信号板

S7-1200 的 CPU 模块的正面可以插入一块信号板，且不增加安装空间，以扩展数字量或模拟量 I/O 的数量。

1. SB1221 数字量输入信号板

4 路高速输入，最高频率 200kHz。有 2 种信号板可供选择，电压分别是 DC24V、DC5V。

2. SB122 数字量输出信号板

4 路固态 MOSFET 输出，最高频率为 200kHz。

3. SB1223 数字量输入输出信号板

2 路高速计数输入，2 路高速脉冲输出，最高频率为 200kHz。

4. SB1231 热电偶信号板和热电阻信号板

可以选择多种温度传感器，分辨率为 0.1℃ 或 0.1℉，15 位再加符号位。

5. SB1231 模拟量输入信号板

1 路 12 位模拟量输入，可以测量电压或电流。

6. SB1232 模拟量输出信号板

一路模拟输出，可以输出分辨率为 12 位的电压或 11 位的电流。

7. CB1241RS485 通信信号板

提供一个 RS485 通信接口，使得 CPU 可以其他 RS485 通信网络连接。

（二）信号模块

信号模块分为数字量 I/O 模块和模拟量 I/O 模块，所有信号模块可以方便地安装在标准的 35mm DIN 导轨上。

1. 数字量 I/O 模块

数字量 I/O 模块见表 1-3。

表 1-3 数字量 I/O 模块

型 号	型 号
SM1221 8 路输入 DC24V	SM1222 8 继电器输出（切换），2A
SM1221 16 路输入 DC24V	SM1223 8 输入 DC24V/8 继电器输出，2A
SM1222 8 继电器输出 2A	SM1223 16 输入 DC24V/16 继电器输出，2A
SM1222 16 继电器输出 2A	SM1223 8 输入 DC24V/8 输出 DC0.5A
SM1222 8 路输出 DC24V	SM1223 16 输入 DC24V/16 输出 DC0.5A
SM1222 16 路输出 DC24V，0.5A	SM1223 8 AC 输入/ 8 继电器输出 2A

2. 模拟量 I/O 模块

模拟量 I/O 模块见表 1-4。

表 1-4　　　　　　　　　　　　模拟量 I/O 模块

型　号	型　号
SM1231 4 路模拟输入	SM1231 RTD 4×16 位
SM1231 8 路模拟输入	SM1231 RTD 8×16 位
SM1231 4 路 16 位模拟输入	SM1232 2 路模拟输出
SM1238 电能表输入	SM1232 4 路模拟输出
SM1231 TC 4×16 位	SM1234 4 路模拟输入、2 路模拟输出
SM1231 TC 8×16 位	SM 1278 4×IO-Link 主站

（三）S7-1200 PLC 及其扩展模块的安装

1. S7-1200 PLC 的安装

（1）可以利用安装孔直接把模块固定在衬板上，或者利用 DIN 夹子把模块固定在标准的 DIN 导轨上。

（2）每隔 75mm，安装一个 DIN 导轨。

（3）打开位于模块底部的 DIN 夹子，将 CPU 模块背面嵌入 DIN 导轨。

（4）合上 DIN 夹子，仔细检查模块上的 DIN 夹子与 DIN 导轨是否紧密固定好。

2. S7-1200 PLC 扩展模块的安装

（1）打开位于模块底部的 DIN 夹子，紧靠 CPU 模块或扩展模块，将需要扩展的模块背面嵌入 DIN 导轨。

（2）合上 DIN 夹子，仔细检查模块上的 DIN 夹子与 DIN 导轨是否紧密固定好。

（3）保证正确的电缆方向，把扩展模块电缆插到 CPU 模块前盖下的连接器上。

技能训练

一、训练目标

掌握西门子 S7-1200 可编程序控制器安装过程和要求。

二、训练步骤与要求

1. 西门子 S7-1200 可编程序控制器的安装

（1）可以利用安装孔，直接把模块固定在衬板上，或者利用 DIN 夹子把模块固定在标准的 DIN 导轨上。

（2）打开位于模块底部的 DIN 夹子，将 CPU 模块背面嵌入 DIN 导轨。

（3）合上 DIN 夹子，仔细检查模块上的 DIN 夹子与 DIN 导轨是否紧密固定好。

2. S7-1200 PLC 扩展模块的安装

（1）打开位于模块底部的 DIN 夹子，紧靠 CPU 模块或扩展模块，将需要扩展的模块背面嵌入 DIN 导轨。

（2）合上 DIN 夹子，仔细检查模块上的 DIN 夹子与 DIN 导轨是否紧密固定好。

（3）保证正确的电缆方向，把扩展模块电缆插到 CPU 模块前盖下的连接器上。

3. 交流安装接线

交流安装接线如图 1-2 所示。

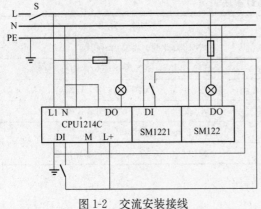

图 1-2　交流安装接线

（1）用一个断路器将电源与 CPU、所有输入电路和输出电路隔离。

（2）用一台过流保护设备保护 CPU 的安全，也可以为每个输出点加装一个熔断器进行保护。

（3）将所有地线端子与最近的接地点相连接，以便获得最好的抗干扰能力。

（4）本机单元的传感器电源可用于本机单元的输入，将传感器供电的 M 端接到地上可获得最佳的噪声抑制。

4. 直流安装接线

直流安装接线如图 1-3 所示。

（1）用一个断路器将电源与 CPU、所有输入电路和输出电路隔离。

（2）用一台过流保护设备保护 CPU 的安全，也可以为每个输出点加装一个熔断器进行保护。

（3）外接一个电容，确保直流电源有足够大的抗冲击能力。

（4）把所有直流电源接地，以便得到最佳的噪声抑制。

（5）将所有地线端子与最近的接地点相连接，以便获得最好的抗干扰能力。

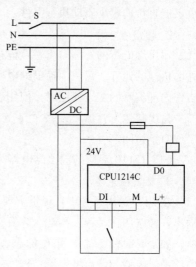

图 1-3　直流安装接线

任务 2　S7-1200 系列 PLC 编程基础

 **基础知识**

一、S7-1200 系列 PLC 的软元件

用户使用的每一个输入输出及内部的每一个存储单元都称为软元件，每个软元件有其不同的功能，有固定的地址，软元件的数量是由监控程序规定的，软元件的多少决定了 PLC 的规模及数据处理能力。

S7-1200 系列 PLC 的软元件采用区域号加区域内编号的方式编址，即 PLC 根据软元件的功能不同，分成许多区域，如输入继电器、输出继电器、定时器、计数器等，分别用 I、Q、T、C 等表示。

在 PLC 内部并不存在这些物理器件，与其对应的是存储器的基本单元，一个继电器对应一个基本单元（即 1 位，1bit），8 个基本单元形成一个 8 位二进制数，通常称为 1 个字节（1Byte），正好占用存储的而 1 个存储单元。连续两个存储单元构成 1 个 16 进制数，通常称为 1 个字（Word）；连续的 2 个字组成 1 个双字（DWord）。使用这些编程软元件，实质上就是对这些存储单元的存取访问。

1. 输入继电器

输入继电器与 PLC 的输入端相连，是 PLC 接收外部开关信号的接口。输入继电器是光电隔离的电子继电器，其常开触点（a 触点）和常闭触点（b 触点）在编程中使用次数不限。这些触点在 PLC 内可自由使用，S7-1200 系列 PLC 输入继电器对应的输入映像寄存器的状态在每个扫描周期由现场送来的输入信号状态决定。输入映像寄存器可以按"字节．位"的编址方式读取 1 个继电器的状态，也可以按字节、字、双字访问。

CPU1214C 对应的输入继电器为 I0.0～I1.5 共 14 位。

需要注意的是，输入继电器只能由外部信号来驱动，不能用程序或内部指令来驱动，其触点也不能直接输出去驱动执行元件。

2. 输出继电器

输出继电器的外部输出触点连接到 PLC 的输出端子上，输出继电器是 PLC 用来传递信号到外部负载的元件。每一个输出继电器有一个外部输出的常开触点。输出继电器的常开、常闭触点当作内部编程的接点使用时，使用次数不限。

输出映像寄存器可以按"字节．位"的编址方式读取 1 个继电器的状态，也可以按字节、字、双字访问。

CPU1214C 对应的输出继电器为 Q0.0～Q1.1 共 10 位。

3. 辅助继电器

在 PLC 逻辑运算中，经常需要一些中间继电器作为辅助运算用，这些元件不直接对外输入、输出，经常用作暂存、移动运算等。这类继电器称作辅助继电器。还有一类特殊用途的辅助继电器，如定时时钟、进位/借位标志、启停控制、单步运行等，它们能对编程提供许多方便。PLC 内辅助继电器与输出继电器一样，由 PLC 内各软元件驱动，它的常开常闭触点在 PLC 编程时可以无限次的自由使用。但这些触点不能直接驱动外部负载，外部负载必须由输出继电器来驱动。

辅助继电器可以按"字节．位"的编址方式读取 1 个辅助继电器的状态，也可以按字节、字、双字访问。

CPU1214C 对应的辅助继电器为 M0.0～M31.7 共 256 位。

4. 特殊辅助继电器

特殊辅助继电器用来存储系统的状态变量及有关的控制参数和信息。它是系统与用户程序之间的交互界面，用户可以通过特殊辅助继电器来沟通 PLC 与被控对象之间的信息，PLC 通过特殊辅助继电器为用户提供一些特殊控制功能和信息，用户也可以通过特殊辅助继电器对 PLC 的操作提出特殊要求。

5. 数据寄存器

数据寄存器用于数据运算、参数设置、模拟量控制和程序运行中的中间数据结果。数据寄存器可以按位、字节、字、双字访问。

数据寄存器按位访问为 DW0.0～DW119.7，按字节访问为 B0～B100。

6. 定时器

定时器在 PLC 中的作用相当于时间继电器，它有一个设定值寄存器和一个当前值寄存器及输出触点。

7. 计数器

计数器用于对输入脉冲的个数进行计数，实现计数控制。

使用计数器时要事先在程序中给出计数的设定值，当满足计数输入条件时，计数器开始累计计数输入端的脉冲前沿的次数，当计数器的当前值达到设定值时，计数器动作。

8. 高速计数器

普通计数器的计数频率受扫描周期制约，在需要高频计数时，可使用高速计数器。与高速计数器对应的数据是高速计数器的当前值，是一个带符号的 32 位双字型数据。

9. 局部变量存储器

局部变量存储器用于存储局部变量。

10. 模拟量输入寄存器

模拟信号经过 A/D 模数转换器转换后变成数字量存储在模拟量输入寄存器中。

11. 模拟量输出寄存器

将要转换成模拟量的数字量写入模拟量输出寄存器，通过 PLC 的 D/A 转换成模拟量输出。对模拟量输入寄存器只能读取，对模拟量输出寄存器只能写入。

二、S7-1200PLC 的存储区、寻址和数据类型

（一）存储区

CPU 提供了以下用于存储用户程序、数据和组态的存储区。

1. 装载存储器

装载存储器用于非易失性地存储用户程序、数据和组态。项目被下载到 CPU 后，首先存储在装载存储区中。该存储区位于存储卡（如存在）或 CPU 中。该非易失性存储区能够在断电后继续保持。可以通过安装存储卡来增加数据日志的可用装载存储器的数量。

2. 工作存储器

工作存储器是易失性存储器，用于在执行用户程序时存储用户项目的某些内容。CPU 会将一些项目内容从装载存储器复制到工作存储器中。该易失性存储区将在断电后丢失，而在恢复供电时由 CPU 恢复。

3. 保持性存储器

保持性存储器用于非易失性地存储限量的工作存储器值。保持性存储区用于在断电时存储所选用户存储单元的值。如果发生断电或掉电，CPU 将在上电时恢复这些保持性值。

4. 可选的 SIMATIC

SIMATIC 存储卡可用作存储用户程序的替代存储器，或用于传送程序。如果使用 SIMATIC 存储卡，CPU 将运行存储卡中的程序而不是自身存储器中的程序。

（二）S7-1200 支持的数据类型

数据类型用于指定数据元素的大小及如何解释数据。每个指令参数至少支持一种数据类型，而有些参数支持多种数据类型。

1. 位和位序列数据类型

（1）Bool 是布尔值或位值，取值 0 或 1。

（2）Byte 是 8 位字节值，由 8 位二进制数组成，如 I0.0~I0.7，组成输入字节 IB0，取值范围 0~255。

（3）Word 是 16 位值，由 16 位二进制数组成，即相邻的两个字节组成，如 MW10 由字节 MB10 和字节 MB11 组成，取值范围 0~65535。

（4）DWord 是 32 位双字值，由相邻的 4 个字节组成，MD100 由 MB100~MB103 组成，取值范围 $0 \sim 2^{32}-1$。

2. 整数数据类型

（1）USInt（无符号 8 位整数）和 SInt（有符号 8 位整数）可以是有符号或无符号的"短"整型（内存为 8 位或 1 个字节）。

（2）UInt（无符号 16 位整数）和 Int（有符号 16 位整数）可以是有符号或无符号的整型（内存为 16 位或 1 个字节）。

（3）UDInt（无符号 32 位整数）和 DInt（有符号 32 位整数）可以是有符号或无符号的双整型（内存为 32 位或 1 个双字节）。

3. 实数数据类型

(1) Real 是 32 位实数或浮点值。

(2) LReal 是 64 位实数或浮点值。

4. 日期和时间数据类型

(1) Date 是包含自 1990 年 1 月 1 日开始算起的天数的 16 位日期值（与 UInt 类似）。最大日期值是 65378（16♯FF62），该值与 2168 年 12 月 31 日相对应。所有可能的 Date 值都有效。

(2) DTL（日期和时间长度）是将有关日期和时间信息，保存在预定义结构中的 12 字节结构。

1) 年（UInt）：1970～2554。

2) 月（USInt）：1～12。

3) 日（USInt）：1～31。

4) 星期（USInt）：1（星期日）～7（星期六）。

5) 小时（USInt）：0～23。

6) 分（USInt）：0～59。

7) 秒（USInt）：0～59。

8) 纳秒（UDInt）：0～999999999。

(3) Time 是存储毫秒数（从 0～24 天 20 小时 31 分 23 秒 647 毫秒）的 32 位 IEC 时间值（与 Dint 类似）。所有的可能 Time 值都有效。Time 值可用于计算，可能得出负时间。

(4) TOD（日时钟）是包含从午夜算起的毫秒数（从 0～86399999）的 32 位日时钟值（与 Dint 类似）。

5. 字符和字符串数据类型

(1) Char 是 8 位单个字符，以 ASCII 码格式存储。

(2) String 是长度可达 254 个字符的可变长度字符串。

6. 数组和结构数据类型

(1) Array 包含同一数据类型的多个元素。数组可以在 OB、FC、FB 和 DB 的块接口编辑器中创建。无法在 PLC 变量编辑器中创建数组。

(2) Struct 定义由其他数据类型组成的数据结构。Struct 数据类型可作为单个数据单元处理一组相关过程数据。在数据块编辑器或块接口编辑器中声明 Struct 数据类型的名称和内部数据结构。数组和结构还可以集中到更大结构中，一套结构可嵌套 8 层。

7. 指针数据类型

(1) Pointer 提供对变量地址的间接参考。它会在存储器中占用 6 个字节（48 位），可能包含以下变量信息：DB 号（或者当数据未存储在 DB 中时为 0）、CPU 中的存储区和存储器地址。

(2) Any 提供对数据区起始处的间接参考，并识别其长度。Any 指针使用存储器中的 10 个字节，可能包含以下信息：数据元素的数据类型、数据元素数目、存储区或 DB 数以及数据的"Byte. Bit"起始地址。

(3) Variant 提供对不同数据类型或参数的变量的间接参考。Variant 指针识别结构和单独的结构组件。Variant 不会占用存储器的任何空间。

（三）对存储区进行寻址

STEP 7 简化了符号编程。用户为数据地址创建符号名称或"变量"，作为与存储器地址和 I/O 点相关的 PLC 变量或在代码块中使用的局部变量。

要在用户程序中使用这些变量，只需输入指令参数的变量名称。

为了更好地理解 CPU 的存储区结构及其寻址方式，将对 PLC 变量所引用的"绝对"寻址进行说明。CPU 提供了以下几个选项，用于在执行用户程序期间存储数据。

1. 全局存储器

CPU 提供了各种专用存储区，其中包括输入（I）、输出（Q）和位存储器（M）。所有代码块可以无限制地访问该储存器。

2. 数据块

数据块（DB）可在用户程序中加入 DB 以存储代码块的数据。从相关代码块开始执行一直到结束，存储的数据始终存在。全局 DB 存储所有代码块均可使用的数据，而背景 DB 存储特定 FB（功能块）的数据，并且由 FB 的参数进行构造。

3. 临时存储器

只要调用代码块，CPU 的操作系统就会分配要在执行块使用的临时或本地存储器（L）。代码块的任务执行完成后，CPU 将重新分配本地存储器，以用于执行其他代码块。

每个存储单元都有唯一的地址。用户程序利用这些地址访问存储单元中的信息。对输入（I）或输出（Q）存储区（如 I0.3 或 Q1.7）的引用会访问过程映像。

绝对地址由以下元素组成：

（1）存储区，如 I、Q 或 M。

（2）要访问的数据的大小，如"B"表示 Byte 或"W"表示 Word。

（3）数据地址，如 Byte3 或 Word 3。

访问布尔值地址中的位时，不要输入大小的助记符号。仅需输入数据的存储区、字节位置和位位置（如 0.0、Q0.1 或 M3.4）。

存储区的绝对地址如图 1-4 所示。

要立即访问物理输入或输出，请在引用后面添加"：P"（如 I0.3：P、Q1.7：P 或 Stop：P）。

强制仅将固定值写入物理输入（I$x.y$：P）或物理输出（Q$x.y$：P）。要强制输入或输出，请在 PLC 变量或地址后面添加"：P"。

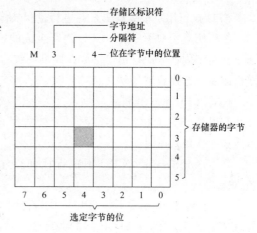

图 1-4　存储区的绝对地址

（四）访问一个变量数据类型的"片段"

可以根据大小按位、字节、或字级别访问 PLC 变量和数据块变量。访问此类数据片段的语法如下。

1. 按位访问

"〈PLC 变量名称〉".xn 或"〈数据块名称〉".〈变量名称〉.xn

2. 按字节访问

"〈PLC 变量名称〉".bn 或"〈数据块名称〉".〈变量名称〉.bn

3. 按字访问

"〈PLC 变量名称〉".wn 或"〈数据块名称〉".〈变量名称〉.wn

（五）访问带有一个 AT 覆盖的变量

通过关键字"AT"可以将一个已声明的变量覆盖为其他类型的变量。如 Bool 型的数组访问 Word 变量的各个位。

AT 覆盖的变量实例如图 1-5 所示。

11

		B1		Byte	0.0
	▼	OV	AT"B1"	Array[0..7] of Bool	0.0
		OV[0]		Bool	0.0
		OV[1]		Bool	0.1
		OV[2]		Bool	0.2
		OV[3]		Bool	0.3
		OV[4]		Bool	0.4
		OV[5]		Bool	0.5
		OV[6]		Bool	0.6
		OV[7]		Bool	0.7

图 1-5　AT 覆盖的变量实例

字节变量 B1 将由一个布尔型数组覆盖。

三、PLC 的工作

（一）每个扫描周期均执行的任务

每个扫描周期都包括写输出、读取输入、执行用户程序指令以及执行系统维护或后台处理。

CPU 仅在用户程序执行前读取物理输入，并将输入值存储在过程映像输入区。

CPU 执行用户指令逻辑，并更新过程映像输出区中的输出值，而不是写入实际的物理输出。

执行所有用户程序后，CPU 将所生成的输出从过程映像输出区写入到物理输出。这一过程通过在给定周期内执行用户指令而提供一致的逻辑，并防止物理输出点可能在过程映像输出区中多次改变状态而出现抖动。

（二）CPU 的工作模式

CPU 有 STOP 模式、STARTUP 模式和 RUN 模式 3 种工作模式。CPU 前面的状态 LED 指示当前工作模式。

在 STOP 模式下，CPU 不执行任何程序，而用户可以下载项目。RUN/STOP LED 为黄色常亮。

在 STARTUP 模式下，CPU 会执行任何启动逻辑（如果存在）。在启动模式下，CPU 不会处理中断事件。RUN/STOP LED 为绿色和黄色交替闪烁。

在 RUN 模式下，扫描周期重复执行。在程序循环阶段的任何时刻都可能发生中断事件，CPU 也可以随时处理这些中断事件。用户可以在 RUN 模式下下载项目的某些部分。RUN/STOP LED 为绿色常亮。

（三）用户程序的执行

1. 用户程序结构

CPU 支持以下类型的代码块，使用它们可以创建有效的用户程序结构。

（1）组织块。组织块（OB）定义程序的结构。有些 OB 具有预定义的行为和启动事件，但用户也可以创建具有自定义启动事件的 OB。

（2）功能和功能块。功能（FC）和功能块（FB）包含与特定任务或参数组合相对应的程序代码。每个 FC 或 FB 都提供一组输入和输出参数，用于与调用块共享数据。FB 还使用相关联的数据块（称为背景数据块）来保存执行期间程序中的其他块可使用的值状态。

（3）数据块。数据块（DB）存储程序块可以使用的数据。

用户程序、数据及组态的大小受 CPU 中可用装载存储器和工作存储器的限制。对各个 OB、FC、FB 和 DB 块的数目没有特殊限制。但是块的总数限制在 1024 之内。

2. OB 可帮助用户构建用户程序

OB 控制用户程序的执行。CPU 中的特定事件将触发组织块的执行。OB 无法互相调用或通过 FC 或 FB 调用。只有诊断中断或时间间隔这类事件可以启动 OB 的执行。

CPU 按优先等级处理 OB，即先执行优先级较高的 OB，然后执行优先级较低的 OB。最低优先等级为 1（对应主程序循环），最高优先等级为 26。

3. 事件执行的优先级与排队

CPU 处理操作受事件控制，事件会触发要执行的中断 OB。

可以在块的创建期间、设备配置期间或使用 ATTACH 或 DETACH 指令指定事件的中断 OB。

有些事件定期发生，如程序循环或循环事件；有些事件只发生一次，如启动事件和延时事件；还有一些事件则在硬件触发事件时发生，如输入点上升沿、下降沿事件，或高速计数器事件。

诊断错误和时间错误等事件只在出现错误时发生。事件优先级和队列用于确定事件中断 OB 的处理顺序。

CPU 按照优先级顺序处理事件，在 S7-1200 CPUV4.0 之前的版本中，每种 OB 类型都有固定的优先级（1～26）。从 V4.0 开始，可为每个组态的 OB 分配优先级。优先级编号在 OB 属性的特性中进行配置。

四、S7-1200 系列 PLC 的编程语言

PLC 编程语言有梯形图、步进顺控图、函数功能图、结构化控制语言 4 种。

S7-1200 系列 PLC 的编程使用梯形图、步进顺控图、函数功能图、结构化控制语言等。

1. 梯形图

梯形图是最直观、最简单的一种编程语言，它类似于继电接触控制电路形式，逻辑关系明显，在电气控制线路继电接触控制逻辑基础上使用简化的符号演变而来，形象、直观、实用，电气技术人员容易接受，是目前用得较多的一种 PLC 编程语言。

继电接触控制线路图和 PLC 梯形图如图 1-6 所示，由图可见，两种控制图逻辑含义是一样的，但具体表示方法有本质区别。梯形图中的继电器、定时器、计数器不是物理实物继电器、实物定时器、实物计数器，这些器件实际是 PLC 存储器中的存储位，即软元件。相应的位为"1"状态，表示该继电器线圈通电、常开触点闭合、常闭触点断开。

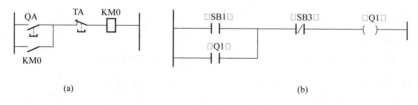

图 1-6 继电接触控制线路图和 PLC 梯形图

(a) 控制线路图；(b) 梯形图

梯形图左右两端的母线是不接任何电源的。梯形图中并没有真实的物理电流流动，而是概念电流（假想电流）。假想电流只能从左到右，从上到下。假想电流是执行用户程序时满足输出执行条件的形象理解。

梯形图由多个梯级组成，每个梯级由一个或多个支路和输出元件构成。右边的输出元件是必须的。图 1-6 (b) 中有 4 个编程元件，输入元件 I0.1、I0.3 表示按钮开关触点，第二行的 Q0.1

表示接触器触点，括号中的 Q0.1 表示接触器线圈，线圈 Q0.1 是输出元件。

2. 步进顺控图

步进顺控图，简称步进图，又叫状态流程图或状态转移图，它是使用状态来描述控制任务或过程的流程图，是一种专用于工业顺序控制程序设计语言。它能完整地描述控制系统的工作过程、功能和特性、是分析、设计电气控制系统控制程序的重要工具。步进顺控图如图 1-7 所示。

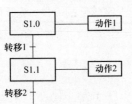

图 1-7　步进顺控图

3. 函数功能图

函数功能图与数字电路的逻辑图极为相似，模块有输入、输出端，使用与、或、非、异或等逻辑描述输出和输入端的函数关系，模块间的连接方式与电路连接方式基本相同。逻辑功能图编程语言，直观易懂，具有数字电路知识的人很容易掌握，图 1-8 所示为一个先"或"后"与"操作的函数功能图。

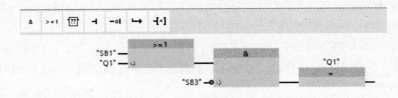

图 1-8　函数功能图

4. 结构化控制语言编程

SCL（Structured Control Language）结构化控制语言是一种基于 PASCAL 的高级编程语言，它基于 IEC1131-3 国际标准。SCL 包含高级编程语言中的表达式、赋值、算术运算、逻辑运算、比较等，还包括 PLC 的输入、输出、定时、计数、存储器等。SCL 提供了简便的指令程序控制，实现程序分支、循环、转移、数据管理等。

 技能训练

一、训练目标

（1）了解 S7-1200 系列 PLC 的软元件。

（2）学会使用 S7-1200 系列 PLC 的通用辅助继电器。

二、训练设备、器材

S7-1200 系列 PLC 主机、按钮开关、计算机、PLC 编程软件等。

三、训练内容

1. 输入输出继电器的应用

（1）按图 1-9 所示接线图配置元器件，连接线路。

（2）输入图 1-10 所示测试程序。

（3）将程序下载到 PLC，使 PLC 处于 RUN 状态。

（4）按下 SB1，观察和记录输出点 Q0.1 和负载的状态。

（5）按下 SB3，观察和记录输出点 Q0.1、Q0.2 和负载的状态。

（6）按下 SB2，观察和记录输出点 Q0.2 和负载的状态。

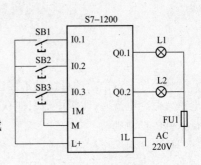

图 1-9　PLC 接线图

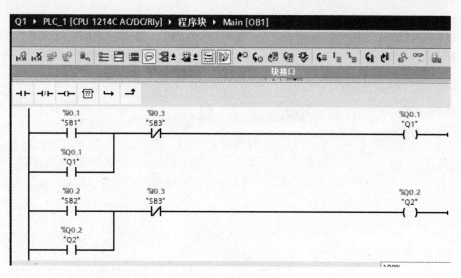

图 1-10　测试程序

（7）按下 SB3，观察和记录输出点 Q0.1、Q0.2 和负载的状态。

2. 辅助继电器应用

（1）按图 1-9 所示接线图配置元器件，连接线路。

（2）输入图 1-11 所示测试辅助继电器程序。

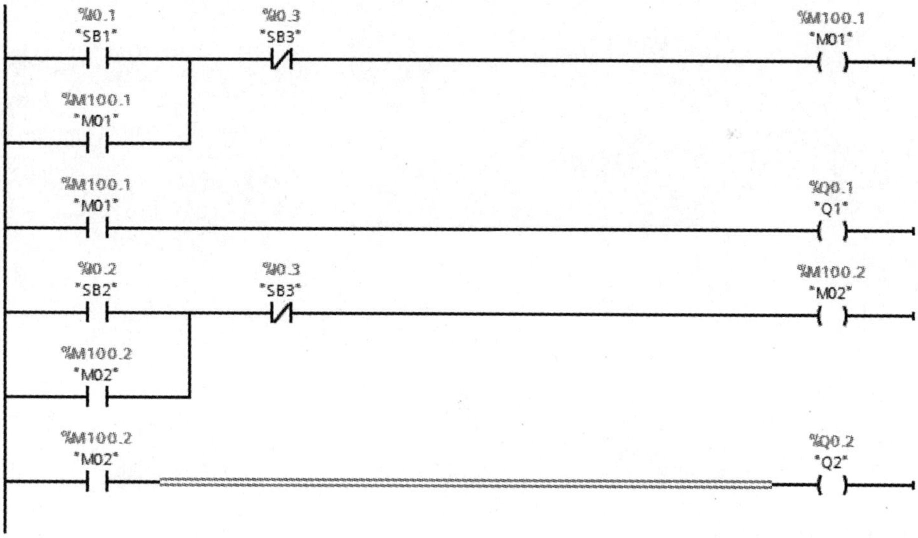

图 1-11　测试辅助继电器程序

（3）将程序下载到 PLC，使 PLC 处于 RUN 状态，观察、记录输出点 Q0.1、Q0.2 的初始状态。

（4）按下 SB1，观察辅助继电器 M0.1 的状态变化，观察、记录输出点 Q0.1、Q0.2 的状态。

（5）按下 SB3，观察辅助继电器 M100.1、M100.2 的状态变化，观察、记录输出点 Q0.1、Q0.2 的状态。

（6）按下 SB2，观察辅助继电器 M100.2 的状态变化，观察、记录输出点 Q0.1、Q0.2 的状态。

（7）按下 SB3，观察辅助继电器 M100.1、M100.2 的状态变化，观察、记录输出点 Q0.1、Q0.2 的状态。

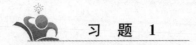

习 题 1

1. 简述 S7-1200 系列 PLC 的 CPU 的工作模式。

2. 简述 PLC 的输入、输出继电器。

项目二 学会使用 TIA 博途 PLC 编程软件

 学习目标

（1）学会使用 TIA 博途 PLC 编程软件。

（2）编制 S7-200 系列 PLC 控制程序。

任务 3 应用 TIA 博途 PLC 编程软件

 基础知识

一、TIA 博途 PLC 编程软件简介

TIA 博途 PLC 编程软件是 S7-1200 系列 PLC 的编程软件。在个人计算机 Windows 操作系统下运行，它功能强大，简单易学，使用方便。计算机通过 RJ45 电缆与 S7-1200 系列 PLC 进行通信。

TIA 博途 PLC 编程软件具有 LAD（梯形图）、SCL（结构化控制语句）和 FBD（功能模块）3 种编程方式，这 3 种编程方式可以相互转换，便于用户选择使用。

TIA 博途 PLC 编程软件功能强大，提供程序在线编辑、监控、调试，支持中断程序、网络通信、模拟量处理、高速计数器等复杂程序编辑。

TIA 博途 PLC 编程软件提供两种不同的工具视图：①基于任务的 Portal 视图；②基于项目的项目视图。

启动 TIA 博途编程软件，进入图 2-1 所示的 TIA 博途（Portal）视图界面。在 Portal 视图中，用户可以概览自动化项目的所有任务，单击左下角视图切换按钮，可切换到项目视图，如图 2-2 所示。

1. 菜单和工具栏

菜单提供项目视图的各种菜单命令。

工具栏提供各种菜单命令的快捷按钮。

2. 项目树

可以用它访问所有的项目和数据，添加项目设备，编辑已有的项目，打开处理项目的编辑器。项目树有项目、设备、文件夹和对象 4 个层次。

项目右上角的箭头" "，可以隐藏项目树，单击项目树左边的最上端的" "按钮，显示项目树。

任务卡边上的箭头可以隐藏或显示任务卡。

单击项目上的" "自动折叠按钮，该按钮变成" "永久展开。这时单击项目树外的

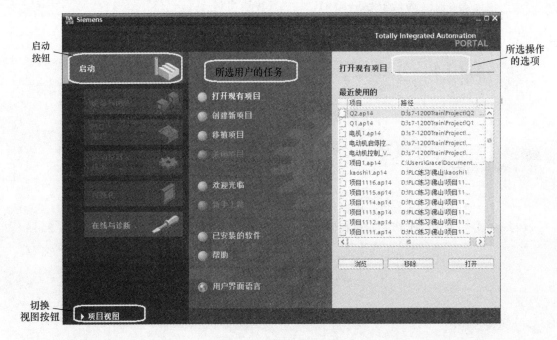

图 2-1　博途视图界面

图 2-2　项目视图

任何区域，项目树自动折叠。单击项目树左边的最上端的"▶"按钮，项目树展开。单击"▯"按钮永久展开，同时该按钮变成"▥"，自动折叠功能消失。

用类似的方法可以启动或关闭任务卡和巡视窗口的自动折叠功能。

3. 工作区

可以同时打开多个编辑器窗口，但一般在工作区只显示一个打开的编辑器，编辑栏会高亮显示已经打开的编辑器，单击编辑栏的选项，可以切换不同的编辑器。

单击工具栏上的"　"水平拆分、"　"垂直拆分按钮，可以水平或垂直显示两个编辑器窗口。

工作区右上角的"　　　　"4个按钮，分别为最小化、浮动、最大化和关闭按钮。

工作区被最大化或浮动后，单击"　"嵌入按钮，工作区重新固定显示。

4. 任务卡

任务卡的内容与编辑器有关，可以通过任务卡进行进一步或附加的操作。

任务卡最右边的标签，可以切换任务卡显示的信息。

5. 巡视窗口

巡视窗口用于显示工作区对象的附件信息，设置有"属性""信息""诊断"3个选项卡。

6. 切换到视图选项

切换视图选项用于切换工具视图窗口。

7. 编辑器栏

编辑器栏会显示所有打开的编辑器，有多个编辑器标签，从而帮助用户更快速和高效地工作。要在打开的编辑器之间切换，只需单击不同的编辑器。

二、创建一个项目

（一）常规设置

1. 设置用户界面语言

单击"选项"主菜单下的"设置"，打开"设置"对话框，如图 2-3 所示。

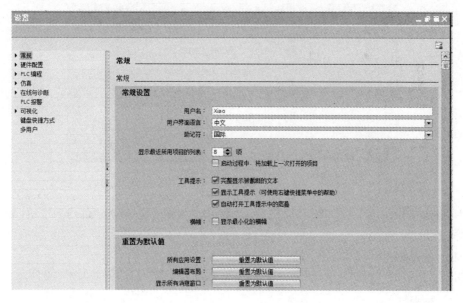

图 2-3　"设置"对话框

在用户名栏，可以填入用户的姓名。

在用户界面语言栏，单击右边的下拉列表中，可以选择"English""中文"。这里选择中文，这样所有的界面和帮助文件都是中文的，便于学习和操作。

2. 设置项目视图

在"设置"对话框，拖动右边的滚动条，出现起始视图设置，单选项目视图，如图 2-4 所示，这样下一次启动软件时，初始画面就是项目视图。

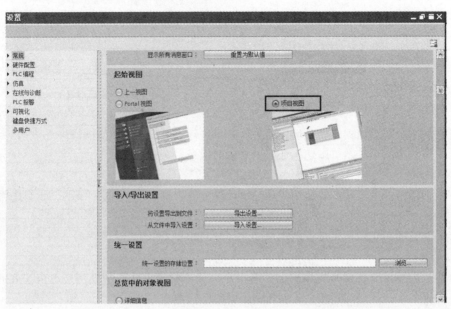

图 2-4　单选项目视图

（二）创建一个项目

1. 创建新项目

单击"项目"菜单下的"新建"，弹出"创建新项目"对话框，如图 2-5 所示。

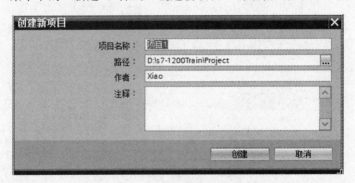

图 2-5　"创建新项目"对话框

在对话框中填入项目名"TEST1"，并设置项目保存的路径，单击"创建"按钮，创建新项目"TEST1"。

2. 添加新设备

双击项目树下的"添加新设备"选项，弹出"添加新设备"对话框，如图 2-6 所示。

（1）在大类选择中，选择"控制器"。

（2）在控制器的类别中，选择 S7-1200。

（3）在 S7-1200 下，展开 CPU，选择 CPU1214CAC/DC/Rly，即选择交流电源、直流输入、继电器输出的 CPU1214C 型 PLC。

（4）展开 CPU1214CAC/DC/Rly 选项，单击选择"6ES7 214-1BE30-0XB0"，此时会显示产品的基本说明。

（5）单击"确定"按钮，新设备被添加到项目 TEST1 中，PLC＿1 设备视图如图 2-7 所示，

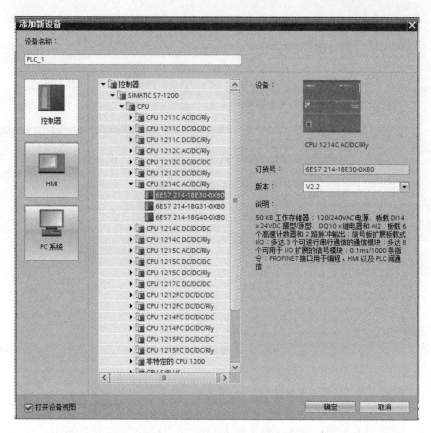

图 2-6 "添加新设备"对话框

新 CPU 被安装在 1 号插槽。

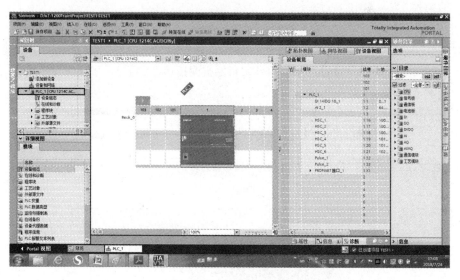

图 2-7 PLC_1 设备视图

3. 创建 CPU 的 I/O 变量

"PLC 变量"是 I/O 和地址的符号名称。用户创建 PLC 变量后，STEP 7 会将变量存储在变量表中。

项目中的所有编辑器（如程序编辑器、设备编辑器、可视化编辑器和监视表格编辑器）均可

21

访问该变量表。

创建 CPU 的 I/O 变量有两种方法。

（1）第一种方法。

1）单击设备 CPU1214CAC/DC/Rly 下的"PLC 变量"文件夹，展开文件夹。

2）双击打开默认变量表，如图 2-8 所示。

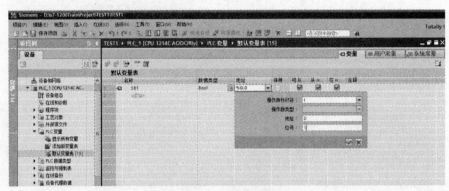

图 2-8　默认变量表

3）创建、编辑 PLC 变量，变量名称设置为 SB1，地址设置为 I0.1，单击"√"按钮，确认变量设置。

4）创建、编辑 PLC 变量，变量名称设置为 SB2，地址设置为 I0.2，单击"√"按钮，确认变量设置。

5）创建、编辑 PLC 变量，变量名称设置为 Q1，地址设置为 Q0.1，单击"√"按钮，确认变量设置。

（2）第二种方法。

1）若设备编辑器已打开，则打开变量表。

2）用户可在在编辑器栏中看到已打开的编辑器。

3）在工具栏中，单击"▭"水平拆分编辑器空间按钮，STEP 7 将同时显示变量表和设备编辑器，如图 2-9 所示。

图 2-9　变量表和设备编辑器

4）将设备配置放大 200% 以上，以便能清楚地查看并选择 CPU 的 I/O 点。将输入和输出从 CPU 拖动到变量表。

5）选择 I0.3 并将其拖动到变量表的第 4 行。

6）将变量名称从"I0.3"更改为"SB3"。

（3）删除变量的方法。

1）选择要删除的变量行。

2）单击鼠标右键，在弹出的菜单中选择执行"删除"菜单命令，删除指定变量，如图 2-10 所示。

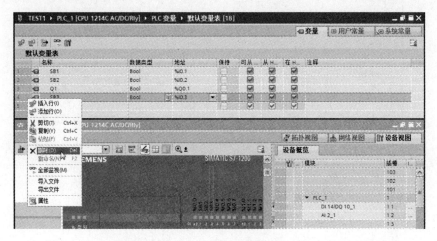

图 2-10　删除指定变量

4. 创建一个简单程序段

（1）在项目树中展开"程序块"，文件夹显示"Main [OB1]"块。

（2）双击"Main [OB1]"块，程序编辑器将打开程序块（OB1）。

（3）单击左边电源线，再单击"收藏夹"上的"常开触点"按钮向程序段添加一个触点。

（4）单击"输出线圈"，添加一个线圈。

（5）单击左边电源线，单击打开分支按钮，添加一个新分支。

（6）单击"常开触点"按钮，向程序段添加一个常开触点。

（7）再单击"常闭触点"按钮，向程序段添加一个常闭触点。

（8）单击"嵌套闭合"按钮，闭合分支。

（9）完整的控制程序如图 2-11 所示。

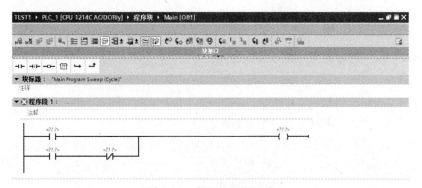

图 2-11　完整的控制程序

（10）单击"保存"按钮，保存项目。

5．对指令进行寻址

（1）使用变量表中的 PLC 变量对指令进行寻址。使用变量表，用户可以快速输入对应触点和线圈地址的 PLC 变量。

1）双击第一个常开触点上方的默认地址〈??.?〉。

2）单击地址右侧的选择器图标打开变量表，如图 2-12 所示。

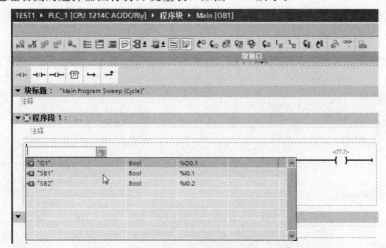

图 2-12 打开变量表

3）在下拉列表中，为第一个触点选择"SB1"。

4）对于线圈，重复上述步骤，并选择变量"Q1"。

5）对于第二行的常开触点，重复上述步骤，并选择变量"Q1"。

6）对于第二行的第二列的常闭触点，重复上述步骤，并选择变量"SB2"。

7）变量赋值后的梯形图如图 2-13 所示。

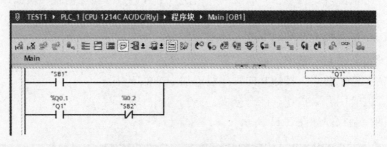

图 2-13 变量赋值后的梯形图

（2）直接从 CPU 中拖拽 I/O 地址。

1）只需拆分项目视图的工作区，在工具栏中，单击" "水平拆分编辑器空间按钮，STEP 7 将同时显示编辑器和设备视图。

2）将 CPU 放大 200％以上，这样可以轻松地选择 I/O 点。

3）可以将"设备配置"中，CPU 上的 I/O 拖到程序编辑器的图形图的指令上，直接从 CPU 中拖拽 I/O 地址，如图 2-14 所示。这样不仅会创建指令的地址，还会在 PLC 变量表中创建相应条目。

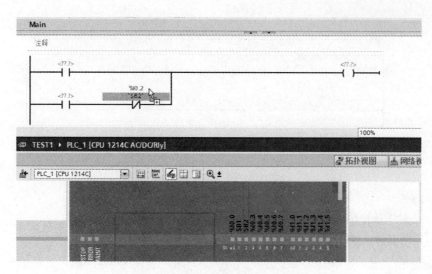

图 2-14　直接从 CPU 中拖拽 I/O 地址

6. 梯形图格式变换

（1）单击工具栏的"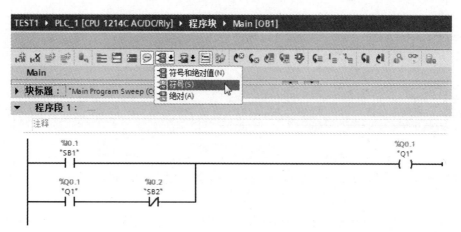"绝对/符号操作数按钮，选择变量的地址为符号，如图 2-15 所示。

图 2-15　选择变量的地址为符号

（2）符号地址梯形图如图 2-16 所示。

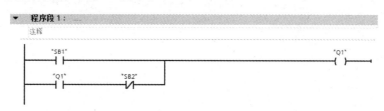

图 2-16　符号地址梯形图

（3）单击工具栏的""绝对/符号操作数按钮，选择变量的地址为绝对，绝对地址梯形图如图 2-17 所示。

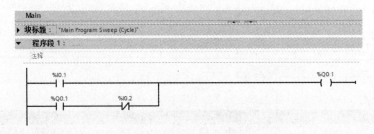

图 2-17 绝对地址梯形图

（三）编译

1. 应用工具栏快捷按钮编译

单击工具栏快捷"　　"编译按钮，编译 PLC 程序，编译结果如图 2-18 所示。

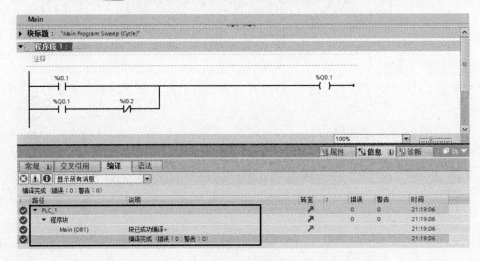

图 2-18 编译结果

编译结果显示，程序块 Main（OB1）块已成功编译，编译完成（错误：0 警告：0）。

2. 项目树程序块编译

（1）右键单击项目树的"程序块"，在弹出的菜单中，选择"编译"，在项目树执行编译，如图 2-19 所示。

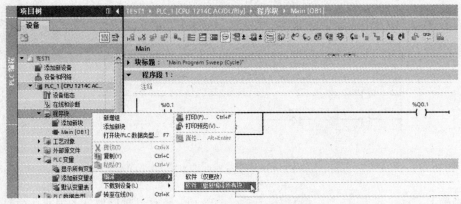

图 2-19 在项目树执行编译

（2）根据需要，进一步选择"软件（仅更改）"或"软件（重新编译所有块）"命令，分别对改动的块或所有块进行编译。

3. 在编辑器中编译

要在程序编辑器中编译块，右击程序编辑器的指令窗口，在快捷菜单中，选择"编译"命令，如图 2-20 所示。

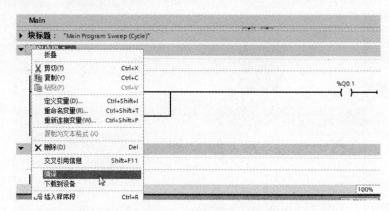

图 2-20　在编辑器中编译

（四）用户程序下载

计算机通过以太网接口连接 S7-1200PLC，要下载用户程序，首先必须设置好计算机、PLC 的以太网通信属性。

1. 以太网设备的 MAC 地址

MAC 地址是以太网设备的物理地址。通常由设备的生产商将 MAC 地址写入 EEPROM 或闪存芯片，在网络底层的物理传输中，通过 MAC 地址来识别发送数据和接收数据的主机。MAC，地址是 48 位的二进制数，分为 6 个字节，一般用 16 进制数表示。其中，前 3 个字节是网络硬件制造商的编号，它由国际电气与电子工程师协会 IEEE 分配，后 3 个字节是设备制造商的网络产品的序列号。MAC 地址是设备的标识证号，具有全球唯一性。

2. 以太网设备的 IP 地址

为了使信息可在以太网快速准确的传输，连接到以太网的每台设备必须有唯一的 IP（Internet Protocol，国际协议）地址。IP 地址由 32 位二进制数组成，在控制系统中，一般使用固定的 IP 地址。IP 地址通常以十进制数表示，用小数点分隔。S7-1200PLC 的 CPU 默认的 IP 地址是 192.168.0.1。

3. 子网掩码

子网是连接在局域网里的设备的逻辑组合。同一个子网中的节点之间的物理距离较近。子网掩码（Sunbnet Mask）是一个 32 位二进制数，用于将 IP 地址划分为子网地址或子网内节点地址。二进制地址的高位是连续的 1，低位是连续的 0，如 255.255.255.0，高 24 位是 1，表示 IP 子网的地址，相当子网区号，低 8 位二进制数为 0，表示子网内节点的地址。

4. 路由器

IP 路由器用于连接子网，要将 IP 报文发送给别的子网，首先就要将它发送给路由器。组态子网时，子网中的所有节点都应输入路由器的地址。路由器通过 IP 地址发送和接收数据包。路由器的子网地址与子网内的节点地址相同，与其他设备区别的是子网内的节点地址不同。

5. 组态 CPU 的 PROFINET 接口

（1）在 TIA 博途软件中，新建一个项目，在项目中配置与实际使用相同的 CPU 硬件。

（2）双击项目树 PLC 文件夹内"设备组态"，打开设备视图。

（3）双击 CPU 的以太网接口，打开巡视窗口，选中左边的以太网地址，如图 2-21 所示。

图 2-21　设置以太网地址

（4）按图 2-21 设置子网 IP 地址和子网掩码地址，设置的地址在下载后才可用。

6. 设置计算机网卡的 IP

（1）用以太网电缆连接计算机和 CPU 模块，打开计算机的"控制面板"，单击"查看网络状态和任务"，如图 2-22 所示。

图 2-22　查看网络状态和任务

（2）单击"本地连接"，打开本地连接状态对话框，单击其中的"属性"按钮。

（3）在"本地连接属性"对话框，选择"Internet 协议版本 4（TCP/IPv4）"，如图 2-23 所示。打开"Internet 协议版本 4（TCP/IPv4）属性"对话框，如图 2-24 所示。

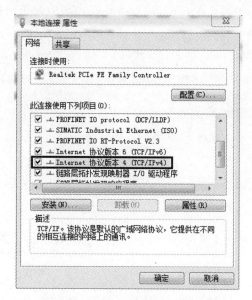

图 2-23 "本地连接属性"对话框

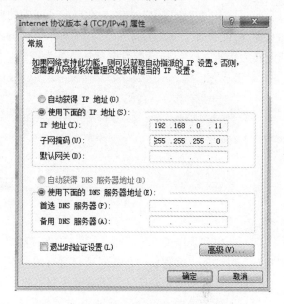

图 2-24 "Internet 协议版本 4CTCP/IPv4)
属性"对话框

（4）在图 2-24 中选择"使用下面 IP 地址"，输入 PLC 的子网地址 192.168.0，第 4 个字节地址是子网设备节点地址，取 0～255 中的任意数值，不能与其他设备相同。

（5）单击子网掩码，自动出现"255.255.255.0"。

（6）单击各级"确定"按钮，最后关闭"网络连接"对话框，结束 IP 属性设置。

7. 下载项目网络设置到 CPU

（1）接通 PLC 电源，CPU 开始工作。

（2）单击工具栏的" 🔽 "下载按钮，打开"扩展的下载到设备"对话框，如图 2-25 所示。

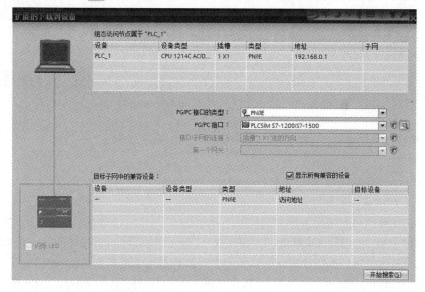

图 2-25 "扩展的下载到设备"对话框

（3）单击"PG/PC"接口下拉列表，选择实际使用的网卡。

（4）单击"开始搜索"按钮，在目标子网中的兼容设备列表中，出现网络上的 S7-1200 CPU 和它的 MAC 地址，搜索结果如图 2-26 所示，扩展的下载到设备对话框中计算机与设备的连线由断开转为接通，CPU 所在的方框背景色变为橙色，表示 CPU 进入在线状态。

目标子网中的兼容设备：				☑ 显示所有兼容的设备	
设备	设备类型	类型	地址		目标设备
PLC_1	CPU 1214C AC/DC/Rly	PN/IE	192.168.0.1		PLC_1
—	—	PN/IE	访问地址		—

□ 闪烁 LED

图 2-26　搜索结果

（5）选中列表中的 S7-1200，下载按钮字符由灰色变为黑色，单击"下载"按钮，出现"下载预览"对话框，编程软件首先对项目进行编译。

（6）编译成功后，勾选"全部覆盖"复选框，单击"下载"按钮，开始下载。

（7）下载结束后，出现下载结束对话框，勾选"全部启动"复选框，单击"完成"按钮，PLC 切换到 RUN 模式。

8. 下载项目

单击工具栏的"⬛"下载按钮，如果 CPU 处于 STOP 模式，项目将自动下载到 CPU，下载完成后，CPU 自动转为 RUN 运行模式。

9. 使用菜单命令下载

（1）选中 PLC_1，选择执行"在线"下的"下载到设备"子菜单命令，已编译的硬件组态数据和项目数据下载给选中的设备。

（2）执行"在线"下的"扩展的下载到设备"子菜单命令，出现"扩展的下载到设备"对话框，已编译的硬件组态数据和项目数据下载给选中的设备。

 技能训练

一、训练目标

掌握西门子 S7-1200 可编程序控制器的 TIA 博途 PLC 编程软件编程软件应用技能。

二、训练步骤与要求

1. 准备

PLC 与编程计算机通过网络连接电缆连接。

2. 编程操作

（1）创建一个新项目。

1）启动 TIA 博途编程软件。

2）创建一个新项目，项目另存为"TEST2"。

（2）配置 S7-1200 系列 PLC 设备。

1）双击项目树下的"添加新设备"选项，弹出添加新设备对话框。

2）在大类选择中，选择"控制器"，在控制器的类别中，选择 S7-1200。

3）在 S7-1200 下，展开 CPU，选择 CPU1214CAC/DC/Rly，即选择交流电源、直流输入、

继电器输出的 CPU1214C 型 PLC。

4）展开 CPU1214CAC/DC/Rly 选项，单击选择"6ES7 214-1BE30-0XB0"，将显示产品的基本说明。

5）单击"确定"按钮，新设备被添加到项目 TEST1 中，新 CPU 被安装在 1 号插槽。

（3）输入 PLC 程序。

1）在项目树中展开"程序块"，文件夹以显示"Main［OB1］"块。

2）双击"Main［OB1］"块，程序编辑器将打开程序块（OB1）。

3）单击左边电源线，再单击"收藏夹"上的"常开触点"按钮向程序段添加一个触点。

4）单击"输出线圈"，添加一个线圈。

5）单击左边电源线，单击打开分支按钮，添加一个新分支。

6）单击"常开触点"按钮，向程序段添加一个常开触点。

7）再单击"常闭触点"按钮，向程序段添加一个常闭触点。

8）单击"嵌套闭合"按钮，闭合分支。

9）设置 PLC 程序中各个变量地址。

3. 编译程序

单击工具栏快捷"　"编译按钮，编译硬件组态数据和 PLC 程序。

4. 将程序下载到 PLC

（1）使 PLC 转至在线状态。

（2）单击工具栏的"　"下载按钮，将硬件组态数据和程序下载到 PLC。

5. 程序运行、监控

（1）使 PLC 处于运行工作模式。

（2）按下 SB1 按钮，观察输出点 Q1 状态。

（3）按下 SB2 按钮，观察输出点 Q1 状态。

 技能提高训练

1. 使用功能键输入图 2-13 所示的梯形图程序，并调试程序。

2. 通过指令树指令符号输入图 2-13 所示的梯形图程序，并调试程序。

项目三 用PLC控制三相交流异步电动机

 **学习目标**

学会用PLC控制三相交流异步电动机的运行。

任务4　用PLC控制三相交流异步电动机的启动与停止

 **基础知识**

一、任务分析

1. 控制要求

（1）按下启动按钮，三相交流异步电动机单向连续运行。

（2）按下停止按钮，三相交流异步电动机停止。

（3）具有短路保护和过载保护等必要保护措施。

2. 接触器控制三相异步电动机启停电气原理图

三相交流异步电动机单向连续运行启停电气原理图如图3-1所示，图3-1中主要元器件的名称、代号和功能见表3-1。

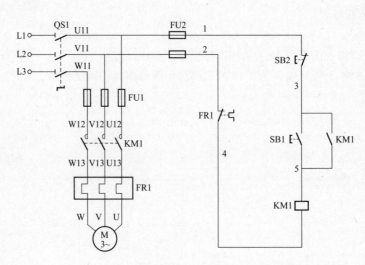

图 3-1　电动机单向连续运行启停电气原理图

表 3-1   主要元器件的名称、代号及作用

名称	元件代号	功能
启动按钮	SB1	启动控制
停止按钮	SB2	停止控制
交流接触器	KM1	控制三相异步电动机
热继电器	FR1	过载保护

3. PLC 输入/输出接线图

PLC 输入/输出接线如图 3-2 所示。

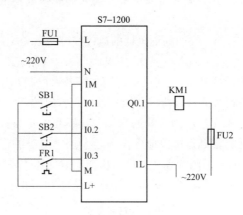

图 3-2 PLC 输入/输出接线图

4. 设计 PLC 控制程序

根据三相异步电动机单向连续运行启停控制要求,设计的 PLC 控制程序如图 3-3 所示。

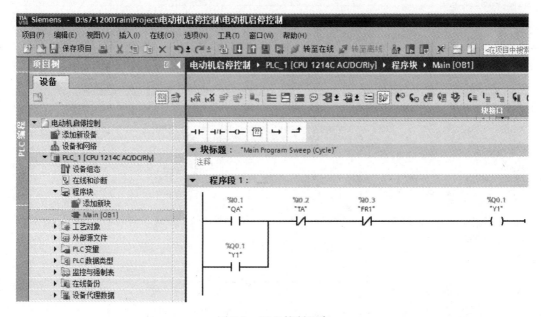

图 3-3 PLC 控制程序

5. 编程技巧提示

(1)接触器电气控制线路、逻辑控制函数、梯形图彼此存在一一对应关系。三相异步电动机

单向连续运行的启动与停止的控制函数是

$$KM1 = (SB1 + KM1) \cdot \overline{SB2} \cdot \overline{FR1}$$

从梯形图可以看出，控制函数中启动按钮 SB1 与接触器常开触点 KM1 是或逻辑关系，在梯形图中表现为两常开触点并联形式；停止按钮 SB2 与启动按钮 SB1 与接触器常开触点 KM1 组合部分是 SB2 取反逻辑与逻辑关系，在梯形图中变现为常闭触点串联形式。

仔细分析可以得到如下结论：接触器电气控制线路、逻辑控制函数、梯形图彼此存在一一对应关系，即由接触器电气控制线路可以写出相应的逻辑控制函数，反之亦然；由逻辑控制函数可以设计出相应的 PLC 控制程序，反之亦然；由接触器电气控制线路也可以设计出相应的 PLC 控制程序（注意 PLC 的所有输入开关信号需采用常开输入形式，采用常闭输入的点相关的程序部分要取反），反之亦然。

（2）PLC 程序控制设计基础。一般的继电器的启停控制函数是

$$Y = (QA + Y) \cdot \overline{TA}$$

该表达式是 PLC 程序设计的基础，表达式左边的 Y 表示控制对象，表达式右边的 QA 表示启动条件，右边的 Y 表示控制对象自保持（自锁）条件，右边的 TA 表示停止条件。

在 PLC 程序设计中，只要找到控制对象的启动、自锁和停止条件，就可以设计出相应的控制程序。即 PLC 的程序设计的基础是细致地分析出各个控制对象的启动、自锁和停止条件，然后写出控制函数表达式，根据控制函数表达式设计出相应的梯形图程序。

对于三相异步电动机单向连续运行的启动与停止，设置 PLC 的符号变量，见表 3-2。

表 3-2　　　　　　　　　　　　　　PLC 的符号变量

名称	元件代号	符号变量	变量地址	功能
启动按钮	SB1	QA	I0.1	启动控制
停止按钮	SB2	TA	I0.2	停止控制
热继电器	FR1	FR1	I0.2	过载保护
交流接触器	KM1	Y1	Q0.1	控制三相异步电动机

使用符号变量表示的梯形图如图 3-4 所示。使用符号变量表示的梯形图与继电器控制逻辑一

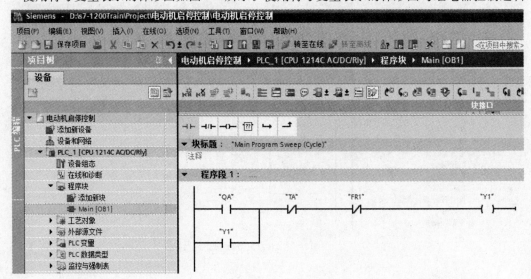

图 3-4　使用符号变量的梯形图

致，只是把停止按钮和热继电器移到了启动按钮后。

显示 PLC 变量绝对地址的梯形图如图 3-5 所示。

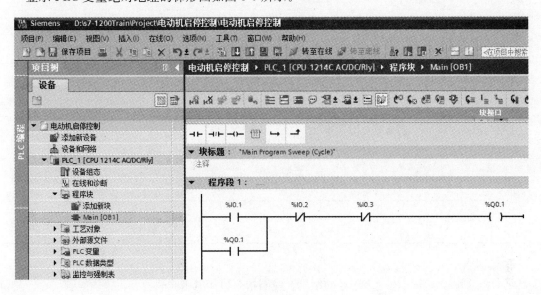

图 3-5 绝对地址的梯形图

利用图中符号变量容易理解控制逻辑关系，利用 PLC 绝对地址可以知晓 PLC 的外部接线与控制程序的关系。

二、S7-1200 系列 PLC 位操作指令

S7-1200 系列 PLC 位操作指令主要应用于逻辑控制和顺序控制。位操作指令包括触点指令、线圈指令、定时器指令、计数器指令、位比较指令等。

1. 触点基本指令

触点指令是 PLC 应用最多的指令之一，触点指令分为常开触点指令、常闭触点指令两大类。根据触点动作状态是否边沿变化的脉冲检测立即指令。根据是否取反输出的取反逻辑指令。

触点指令汇总见表 3-3。

表 3-3 触点指令汇总

类别	梯形图符号	数据类型	软元件	指令功能
常开	X ⊢⊢	位	I、Q、V、M、SM、S、T、C	将一常开触点接到母线上
	X ⊢⊢	位	I、Q、V、M、SM、S、T、C	一个常开触点与另一个电路的串联
	X ⊢⊢	位	I、Q、V、M、SM、S、T、C	一个常开触点与另一个电路的并联
常闭	X ⊣/⊢	位	I、Q、V、M、SM、S、T、C	将一常闭触点接到母线上

类别	梯形图符号	数据类型	软元件	指令功能
常闭	X ┤/├	位	I、Q、V、M、SM、S、T、C	一个常闭触点与另一个电路的串联
	X ┤/├	位	I、Q、V、M、SM、S、T、C	一个常闭触点与另一个电路的并联
取反	┤ NOT ├	位	无	取反此前电路的逻辑状态
边沿跳变	┤ P ├	位	无	上升沿输出一个周期脉冲
	┤ N ├	位	无	下降沿输出一个周期脉冲

2. 线圈指令

线圈指令用于表示一段程序运算的结果。线圈指令包括通用线圈指令、置位线圈指令、复位线圈指令、立即线圈指令等。通用线圈指令与其相关工作条件有关，相关工作条件满足，输出线圈为1；相关工作输入条件不满足，输出线圈为0。

置位线圈指令在相关工作条件满足时，使指定的输出元件地址参数点被置位（置1），复位线圈指令在相关工作条件满足时，使指定的输出元件地址参数点被复位（置0）。当复位指令指定的元件是定时器T、计数器C时，那么定时器、计数器被复位，同时定时器、计数器的当前值也被清零。

PLC对用户程序的处理分为输入刷新、运算程序、输出更新3个阶段。在扫描周期开始时进行输入刷新，读取输入点的状态送入输入映像区；运算程序时，读取映像区的数据，执行用户程序，运算结果暂存输出映像区；输出更新阶段把输出映像区的状态成批传送到输出锁存器，更新输出端的状态。

线圈指令汇总见表3-4。

表 3-4　　　　　　　　　　　　　　　线圈指令汇总

指令	助记符	梯形图	数据类型	操作数	指令功能
输出	=	──(Y)	位	Q、V、M、SM、S、T、C	运算结果输出到继电器
置位	S	──(S)	位 n为字节变量、常数	Q、V、M、SM、S、T、C	将指定位开始的 n 个元件置位
复位	R	──(R)	位 n为字节变量、常数	Q、V、M、SM、S、T、C	将指定位开始的 n 个元件复位
SR 触发器	SR	S1 Y OUT SR R	位	Q、V、M、SM、S、T、C	输入同时为 1 时，置位优先

续表

指令	助记符	梯形图	数据类型	操作数	指令功能
RS 触发器	RS	S —[Y OUT]— RS R1	位	Q、V、M、SM、S、T、C	输入同时为 1 时，复位优先

 技能训练

一、训练目标

(1) 能够正确设计控制三相交流异步电动机单向连续运行的启动与停止控制的 PLC 程序。

(2) 能正确输入和传输 PLC 控制程序。

(3) 能够独立完成三相交流异步电动机单向连续运行的启动与停止控制线路的安装。

(4) 按规定进行通电调试，出现故障时，应能根据设计要求进行检修，并使系统正常工作。

二、训练步骤与内容

1. 输入 PLC 程序

(1) 启动 TIA 博图编程软件。

(2) 单击项目菜单下的新建子菜单，弹出创建新项目对话框。

(3) 设置项目文件名为"电机 1"，单击创建按钮，创建一个新项目。

(4) 双击添加新设备，打开添加设备对话框。

(5) 选择 CPU 为 1214C AC/DC/Rly，展开 CPU 1214C AC/DC/Rly，单击选择 6ES7 214-1BG40-0XB0 订货号，添加设备操作如图 3-6 所示。

(6) 再单击下部的"添加"按钮，为设备被添加的电机 1 项目添加 plc1，如图 3-7 所示。

(7) 在项目树栏目可见 plc1 ［CPU1214C AC/DC/Rly］。

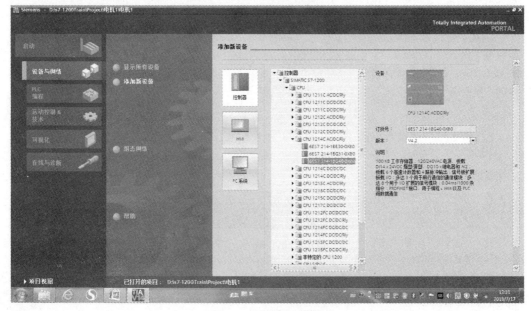

图 3-6　添加设备操作

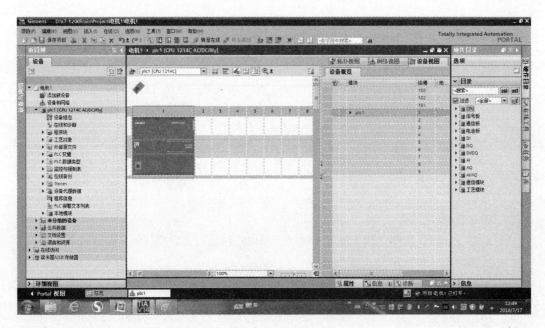

图 3-7　添加 plc1

（8）在设备视图区可见 1 号插槽配置了 plc1。

（9）单击设备视图右上角的"×"，关闭设备视图。

（10）单击项目树下的程序块左边的箭头，展开程序块目录。

（11）双击程序块下的"Main［OB1］"，打开程序编辑器，如图 3-8 所示。

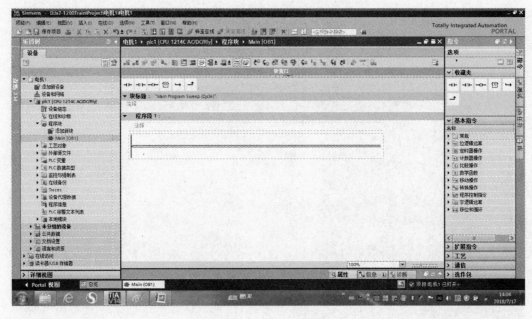

图 3-8　打开程序编辑器

（12）从指令收藏夹拖拽常开触点到程序段 1 电源母线右边，此时程序段 1 上添加了 1 个常开触点，如图 3-9 所示。

（13）单击常开触点右边的编辑条，再单击指令收藏夹的常闭触点指令，添加常闭触点到程

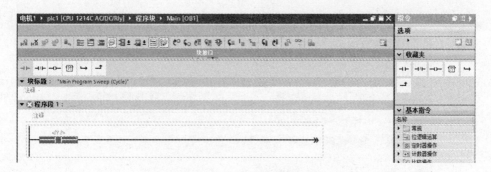

图 3-9　添加常开触点

序段 1。

（14）双击任务栏指令收藏夹的线圈指令，添加线圈到程序段 1，如图 3-10 所示。

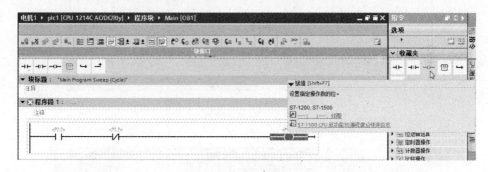

图 3-10　添加线圈

（15）单击选择电源母线，再单击打开分支指令，添加一条新分支。

（16）单击指令收藏夹的常闭触点指令，新分支添加 1 个常开触点。

（17）单击指令收藏夹的嵌套闭合指令，并联 1 个常开触点，如图 3-11 所示。

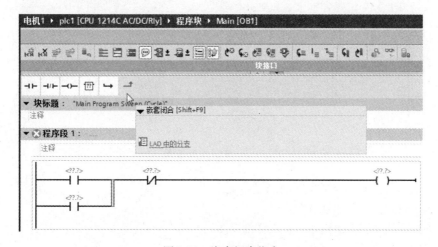

图 3-11　嵌套闭合指令

（18）双击程序段 1 左上部的常开指令上面的红色字，打开变量编辑框，输入 I0.1。变量编辑如图 3-12 所示。

（19）常闭触点变量地址设置为 I0.2，线圈变量地址设置为 Q0.1，并联触点变量地址设置为

Q0.1。变量地址设置如图 3-13 所示。

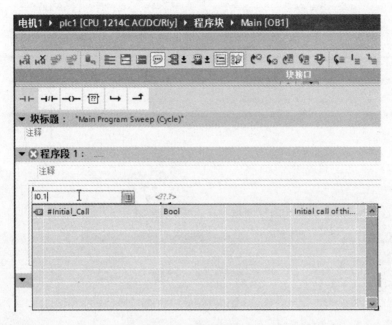

图 3-12　变量编辑

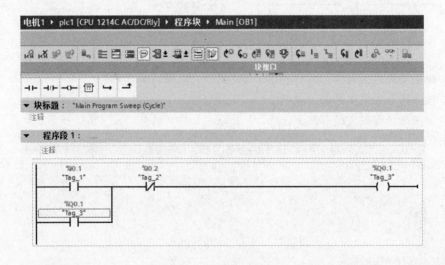

图 3-13　变量地址设置

（20）单击目录树 plc1 下的 PLC 变量。

（21）单击目录树下的详细视图。

（22）拖拽详细视图上部横条，扩展详细视图栏。

（23）双击默认变量表，打开默认变量表。

（24）单击选择默认变量表第 1 行、第 1 列，双击 Tag＿1，将变量符号名称修改为"QA"。修改 Tag＿2 名称为"TA"，修改 Tag＿2 名称为"Y1"。默认变量表如图 3-14 所示。

（25）关闭默认变量表，控制梯形图如图 3-15 所示。

（26）单击"视图"→"显示"→"操作数表示"→"符号"，如图 3-16 所示。

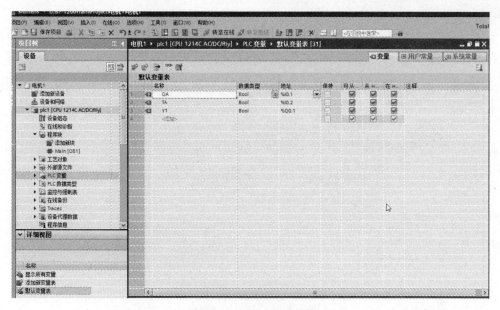

图 3-14　默认变量表

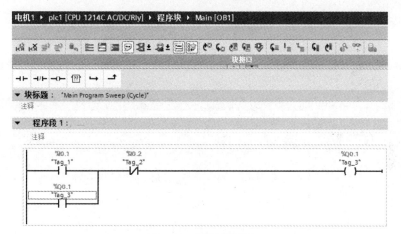

图 3-15　控制梯形图

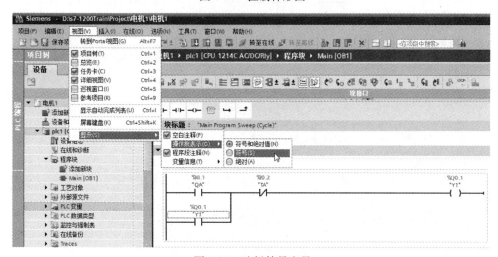

图 3-16　选择符号变量

（27）符号变量梯形图如图 3-17 所示。

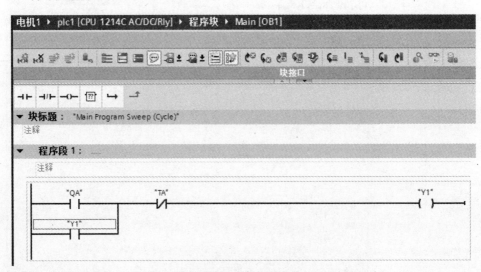

图 3-17　符号变量梯形图

（28）单击"视图"→"显示"→"操作数表示"→"绝对"，绝对变量梯形图如图 3-18 所示。

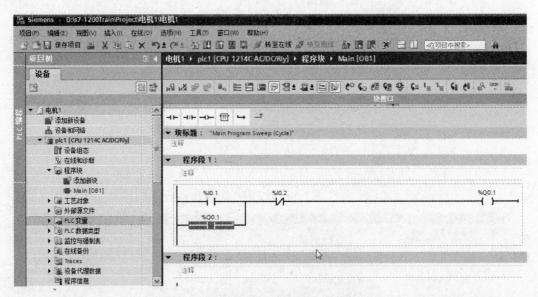

图 3-18　绝对变量梯形图

（29）单击"视图"→"显示"→"操作数表示"→"符号和绝对值"，显示符号和绝对值的梯形图如图 3-19 所示。

（30）拖拽指令收藏夹的常闭触点到程序段 1 的 I0.2 后面，插入一个常闭触点，变量地址设置为 I0.3。

（31）右击常闭触点 I0.3，在弹出菜单中，选择"重命名变量"，如图 3-20 所示。

（32）弹出"重命名变量"对话框，修改变量符号名，如图 3-21 所示，单击"更改"按钮，确认变量名修改。

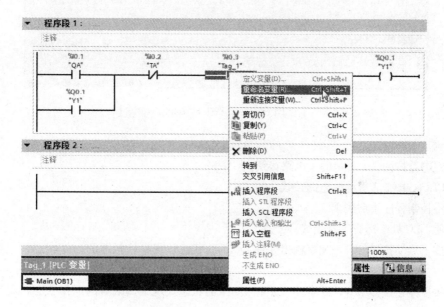

图 3-19 显示符号和绝对值的梯形图

图 3-20 选择"重命名变量"

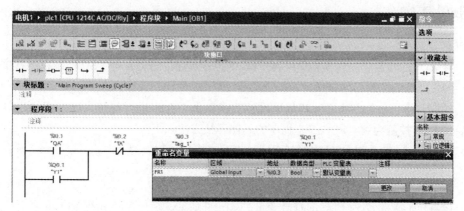

图 3-21 修改变量符号名

2. 编译程序

（1）单击执行"编辑"菜单下的"编译"子菜单命令，编译程序。

（2）单击巡视窗右边的展开箭头，查看编译结果，如图 3-22 所示。

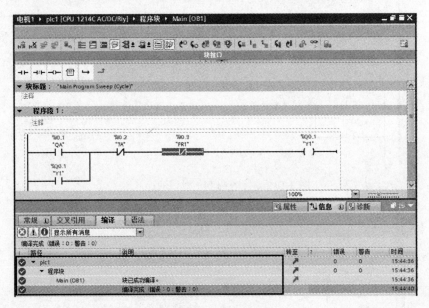

图 3-22　查看编译结果

3. 安装调试

（1）主电路按图 3-1 所示的主电路接线。

（2）PLC 按图 3-2 所示的电路接线。

（3）将控制程序下载到 PLC。

（4）使 PLC 处于运行工作模式。

（5）按下启动按钮 SB1，观察输出元件 Q0.1 的状态，观察接触器的动作状态，观察电动机的状态。

（6）按下停止按钮 SB1，观察输出元件 Q0.1 的状态，观察接触器的动作状态，观察电动机的状态。

 技能提高训练

1. PLC 控制程序移植

将一种 PLC 的控制程序转换为另一种 PLC 的控制程序的过程称为 PLC 控制程序移植。如将 S7-1200 系列 PLC 的控制程序转换为矩形 V80 系列 PLC 的控制程序。

PLC 控制程序移植的方法之一就是通过控制函数做中介来进行移植。以三相异步电动机单向连续启停 PLC 控制为例，PLC 控制程序的具体移植方法如下。

（1）根据 S7-1200 系列 PLC 的控制程序写出逻辑控制函数，为

$$Q0.1 = (I0.1 + Q0.1) \cdot \overline{I0.2} \cdot \overline{I0.3}$$

（2）设置矩形 V80 系列 PLC 的符号变量、软元件地址。矩形 V80 系列 PLC 的符号变量、软元件地址见表 3-5。

表 3-5　　　　　　　　　　　　V80 系列 PLC 符号变量、软元件地址

元件名称	元件代号	符号变量	软元件地址
启动按钮	SB1	X1	10001
停止按钮	SB2	X2	10002
热继电器	FR1	X3	10003
接触器	KM1	Y1	00001

（3）根据 S7-1200 系列 PLC 的控制程序的逻辑控制函数，用符号变量写出矩形 V80 系列 PLC 的控制函数，为

$$Y1 = (X1 + Y1) \cdot \overline{X2} \cdot \overline{X3}$$

（4）根据矩形 V80 系列 PLC 的控制函数设计矩形 V80 系列 PLC 的控制梯形图程序。根据矩形 V80 系列 PLC 的控制函数设计的矩形 V80 系列 PLC 控制梯形图程序如图 3-23 所示。

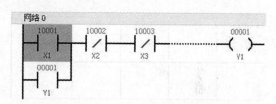

图 3-23　V80 系列 PLC 控制程序

2. 用矩形 V80 系列 PLC 实现三相异步电动机单向连续启停

（1）在矩形 V80 系列 PLC 编程软件 VLadder 5.11 中输入图 3-6 所示梯形图控制程序。具体方法如下：

1）启动 PLC 编程软件 VLadder 5.11，进入 PLC 编程界面。

2）单击新建快捷按钮，新建一个项目。

3）单击"文件"→"另存为"，弹出如图 3-24 所示的"另存为"对话框。

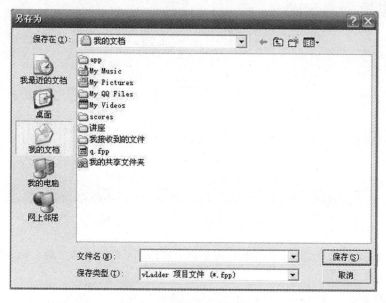

图 3-24　"另存为"对话框

4）选择存储项目文件目录，并命名程序（如 B3-1），如图 3-25 所示，单击"保存"按钮，保存项目文件。

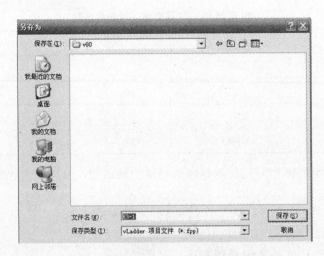

图 3-25　选择存储项目文件目录并命名程序

5）如图 3-26 所示，单击"编辑"→"常开节点"，移动光标到左母线右侧处点击，将出现"编辑一位逻辑"对话框。

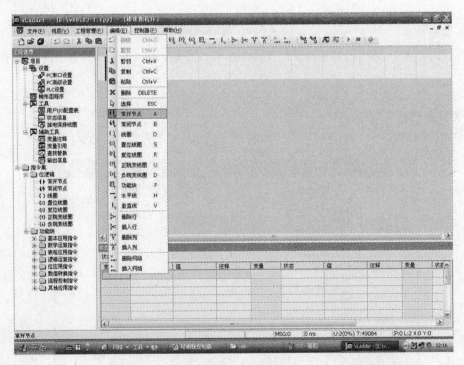

图 3-26　单击"常开节点"

6）在如图 3-27 所示"编辑一位逻辑"对话框中间格地址栏输入常开触点软元件地址 10001，在右边注释栏输入"X1"。

7）按确认按钮输入常开触点 X1，如图 3-28 所示。

8）单击"编辑"→"常闭节点"，移动鼠标到常开触点 10001 右边处点击，出现"编辑一位逻辑"对话框。

9）在"编辑一位逻辑"对话框中间格地址栏输入常闭触点软元件地址 10002，在右边注释

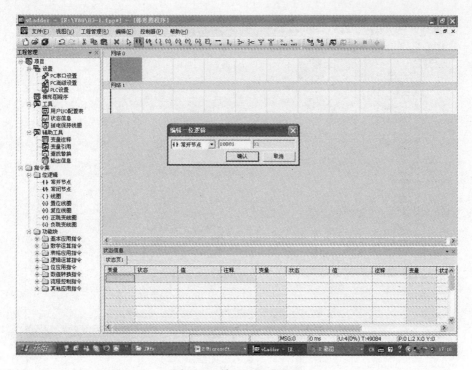

图 3-27 输入地址及注释

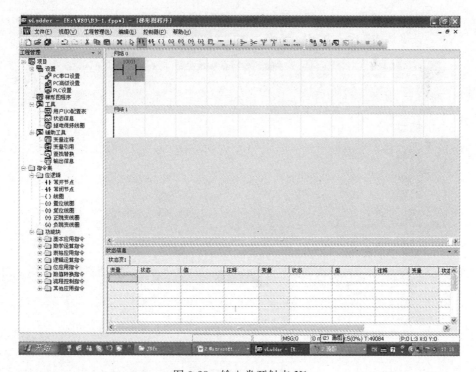

图 3-28 输入常开触点 X1

栏输入"X2",按确认按钮输入常闭触点 X2,如图 3-29 所示。

10)再次单击"编辑"→"常闭节点",移动鼠标到常开触点 10002 右边处点击,出现"编

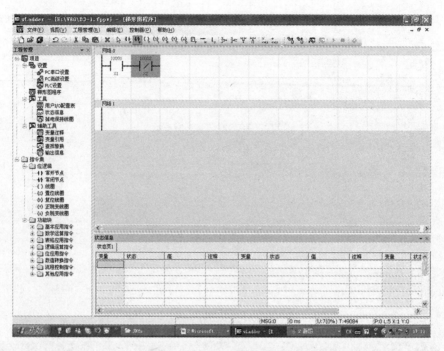

图 3-29 输入常闭触点 X2

辑一位逻辑"对话框。

11）在"编辑一位逻辑"对话框中间格地址栏输入常闭触点软元件地址 10003，在右边注释栏输入"X3"，按确认按钮输入常闭触点 X3，如图 3-30 所示。

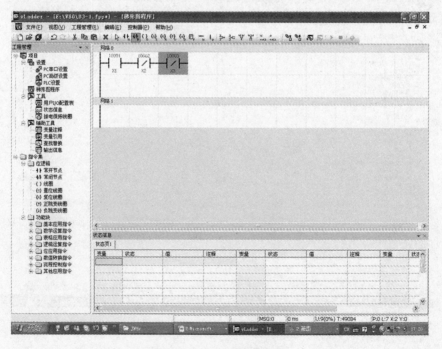

图 3-30 输入常闭触点 X3

12）单击"编辑"→"线圈"，移动鼠标到常闭触点 10003 右边处点击，出现"编辑一位逻辑"对话框。

13）在"编辑一位逻辑"对话框的中间格地址栏输入线圈软元件地址 00001，在右边注释栏输入"Y1"，按确认按钮输入驱动输出线圈 Y1，如图 3-31 所示。

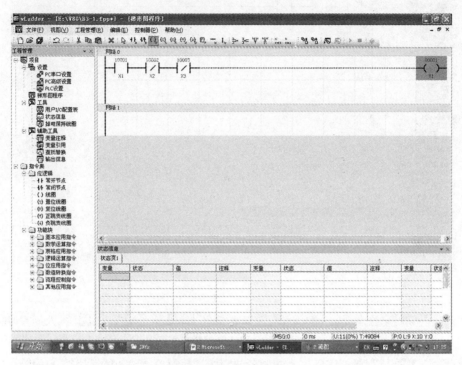

图 3-31　驱动输出线圈

14）单击"编辑"→"常开节点"，移动鼠标到常开触点 10001 下面光标处点击，出现"编辑一位逻辑"对话框。

15）在"编辑一位逻辑"对话框中间格地址栏输入常开触点软元件地址 00001，按确认按钮输入自锁触点 Y1，如图 3-32 所示。

16）单击"编辑"→"竖直线"命令，移动鼠标到常开触点 00001 处点击，出现图 3-33 所示的画好竖线的画面。至此完成网络 0 三相交流异步电动机单向连续运行的启动与停止的梯形图输入。

（2）将 PLC 控制程序下载到矩形 V80 系列 PLC。

1）V80 系列 PLC 通信电缆分别与计算机 COM1 口、PLC 串口连接。

2）单击"控制器"→"保存到 PLC"或单击保存到 PLC 快捷命令按钮，弹出将程序写入 Flash 对话框。

3）单击确认按钮，开始下载程序。

4）下载完成，弹出"是否运行 PLC 程序"对话框。

5）单击"是"按钮，PLC 进入运行状态；单击"否"按钮，弹出"是否进入在线模式"对话框。

6）单击"是"按钮，PLC 进入在线监控运行状态；单击"否"按钮，返回 PLC 程序编辑界面。

（3）按图 3-1 所示电气原理图连接主电路。

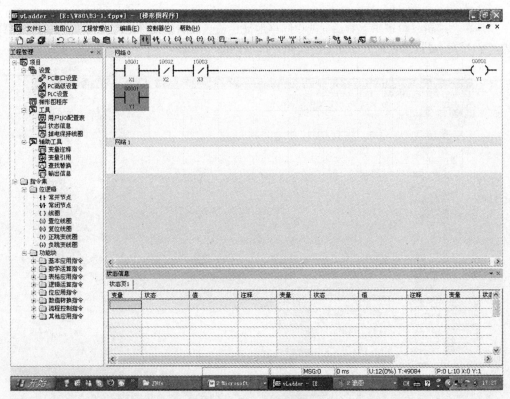

图 3-32　输入自锁触点 Y1

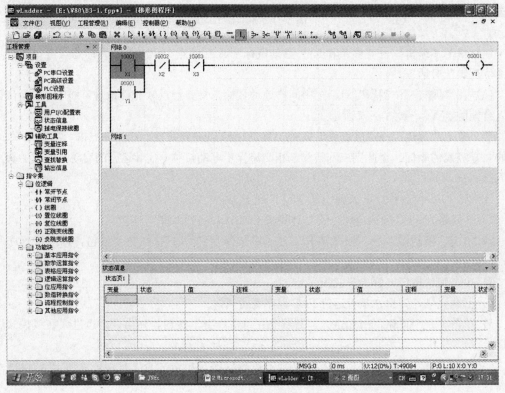

图 3-33　画好竖线

（4）按图 3-34 所示的 PLC 接线图接线。

（5）拨动矩形 V80 系列 PLC 的 RUN/STOP 开关，使 PLC 处于运行状态。

（6）调试运行。

1）单击"控制器"→"PLC 连线"或单击 PLC 连线快捷按钮，PLC 进入在线调试模式。

2）按下启动按钮 SB1，梯形图中输出线圈 00001 得电，PLC 的输出点 00001 指示灯亮，电动机启动运行。

3）按下停止按钮，梯形图中输出线圈 00001 失电，PLC 的输出点 00001 指示灯灭，电动机停止运转。

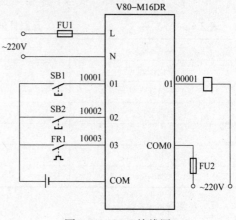

图 3-34　PLC 接线图

任务 5　三相交流异步电动机正反转控制

 基础知识

在实际生产中，很多情况下都要求电动机既能正转又能反转，其方法是改变任意两条电源线的相序，从而改变电动机的转向。

本课题任务是学习用可编程序控制器实现电动机的正反转。

一、任务分析

1. 控制要求

（1）能够用按钮控制电动机的正反转，启动和停止。

（2）具有短路保护和电动机过载保护等必要的保护措施。

2. 继电器控制电气原理图

继电器控制电动机正反转控制电气原理图如图 3-35 所示。

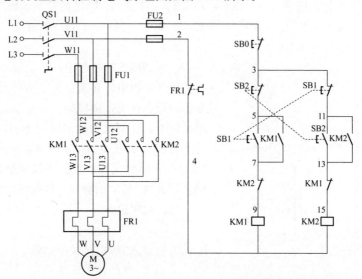

图 3-35　电动机正反转控制电气原理图

图中各元器件的名称、代号和作用见表 3-6。

表 3-6　　　　　　　　　　　元器件的名称、代号和作用

名　称	代　号	作　用
停止按钮	SB0	停止控制
正转启动按钮	SB1	正转启动控制
反转启动按钮	SB2	反转启动控制
交流接触器	KM1	正转控制
交流接触器	KM2	反转控制
热继电器	FR1	过载保护

3. 逻辑控制函数分析

控制 KM1 的启动的按钮为 SB1。

控制 KM1 的停止的按钮或开关为 SB0、FR1、KM2。

自锁控制触点为 KM1。

对于 KM1 来说，有

$$QA = SB1$$
$$TA = SB0 + FR1 + KM2$$

根据继电器启停控制函数 $Y = (QA + Y) \cdot \overline{TA}$ 可以写出 KM1 的控制函数为

$$KM1 = (QA + KM1) \cdot \overline{TA} = (SB1 + KM1) \cdot \overline{(SB0 + FR1 + KM2)}$$
$$= (SB1 + KM1) \cdot \overline{SB0} \cdot \overline{FR1} \cdot \overline{KM2}$$

控制 KM2 启动的按钮为 SB2。

控制 KM1 停止的按钮或开关为 SB0、FR1、KM1。

自锁控制触点为 KM2。

对于 KM2 来说，有

$$QA = SB2$$
$$TA = SB0 + FR1 + KM1$$

根据继电器启停控制函数 $Y = (QA + Y) \cdot \overline{TA}$ 可以写出 KM2 的控制函数为

$$KM2 = (QA + KM2) \cdot \overline{TA} = (SB2 + KM2) \cdot \overline{(SB0 + FR1 + KM1)}$$
$$= (SB2 + KM2) \cdot \overline{SB0} \cdot \overline{FR1} \cdot \overline{KM1}$$

在电动机正转过程中，必须禁止反转启动；在电动机反转过程中，必须禁止正转启动。这种相互禁止操作的控制称为互锁控制。在电动机正反转继电器控制线路中，分别利用了 KM2、KM1 的常闭触点实现对电动机正、反转的互锁控制。即用反转接触器 KM2 的常闭触点互锁控制正转接触器 KM1，用正转接触器 KM1 的常闭触点互锁控制反转接触器 KM2。

二、程序设计

1. PLC 输入/输出接线图

PLC 输入/输出接线图如图 3-36 所示。

2. 设计 PLC 控制程序

PLC 的 I/O（输入/输出）分配见表 3-7。

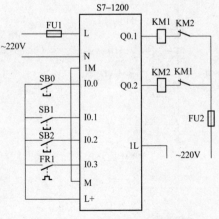

图 3-36　PLC 输入/输出接线图

表 3-7   PLC 的 I/O 分配

输 入		输 出	
SB0	I0.0	KM1	Q0.1
SB1	I0.1	KM2	Q0.2
SB2	I0.2		
FR1	I0.3		

PLC 控制梯形图如图 3-37 所示。

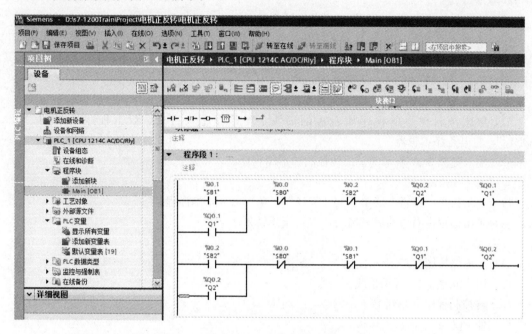

图 3-37   PLC 控制梯形图

3. 编程技巧

在继电器控制线路中，停止按钮、热继电器分别串联在控制线路的前段和后段电路中，严格按照控制线路图转换的控制函数是

$$KM1 = \overline{SB0} \cdot (SB1 + KM1) \cdot \overline{KM2} \cdot \overline{FR1}$$
$$KM2 = \overline{SB0} \cdot (SB2 + KM2) \cdot \overline{KM1} \cdot \overline{FR1}$$

在 PLC 编程中，为了优化梯形图程序，通常把并联支路多的电路块移到梯形图的左边，把串联触点多的支路移到梯形图的上部。对于逻辑与运算，交换变量位置不影响结果。优化后的控制函数是

$$KM1 = (SB1 + KM1) \cdot \overline{SB0} \cdot \overline{FR1} \cdot \overline{KM2}$$
$$KM2 = (SB2 + KM2) \cdot \overline{SB0} \cdot \overline{FR1} \cdot \overline{KM1}$$

 技能训练

一、训练目标

（1）能够正确设计控制三相交流异步电动机正反转的 PLC 程序。

（2）能正确输入和传输 PLC 控制程序。

（3）能够独立完成三相交流异步电动机正反转控制线路的安装。

（4）按规定进行通电调试，出现故障时，应能根据设计要求进行检修，并使系统正常工作。

二、训练步骤与内容

1. 创建项目

（1）启动 TIA 博图编程软件。

（2）单击项目菜单下的新建子菜单，弹出创建新项目对话框。

（3）设置项目文件名为"电机正反转"，单击创建按钮，创建一个新项目。

2. 设备组态

（1）双击添加新设备，打开添加设备对话框。

（2）选择 CPU 为 1214C AC/DC/Rly，展开 CPU 1214C AC/DC/Rly，选择"6ES7 214-1BG40-0XB0"。

（3）单击"添加"按钮，设备被添加到项目中。

3. 输入程序

（1）单击项目树下的程序块左边的箭头，展开程序块目录，双击程序块下的"Main[OB1]"，打开程序编辑器。

（2）输入如图 3-37 所示的正反转控制梯形图程序。

4. 编译程序

（1）单击执行"编辑"菜单下的"编译"子菜单命令，编译程序。

（2）单击巡视窗右边的展开箭头，查看编译结果。

5. 安装调试

（1）主电路按图 3-35 所示接线。

（2）PLC 按图 3-36 所示接线。

（3）将控制程序下载到 PLC。

（4）使 PLC 处于运行工作模式。

（5）按下正转启动按钮 SB1，观察输出元件 Q0.1 的状态，观察接触器的动作状态，观察电动机的状态。

（6）按下反转启动按钮 SB2，观察输出元件 Q0.1、Q0.2 的状态，观察接触器的动作状态，观察电动机的状态，体会互锁的作用。

（7）按下停止按钮 SB0，观察输出元件 Q0.1 的状态，观察接触器的动作状态，观察电动机的状态。

（8）按下反转启动按钮 SB2，观察输出元件 Q0.2 的状态，观察接触器的动作状态，观察电动机的状态。

（9）按下正转启动按钮 SB1，观察输出元件 Q0.1、Q0.2 的状态，观察接触器的动作状态，观察电动机的状态，体会互锁的作用。

（10）按下停止按钮 SB0，观察输出元件 Q0.2 的状态，观察接触器的动作状态，观察电动机的状态。

 技能提高训练

1. 自动往复接触器控制电路如图 3-38 所示，根据电气控制电路写出控制函数，应用 S7-1200 系列 PLC 实现其控制功能。

2. 应用矩形 V80 系列 PLC 实现自动往复控制功能。

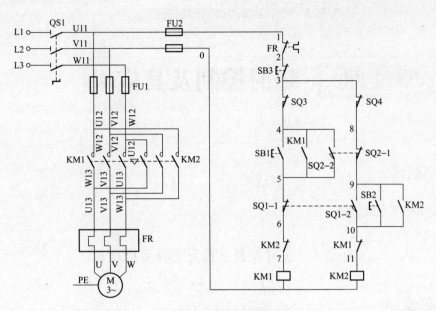

图 3-38 自动往复控制

3. 运料小车运动的示意图如图 3-39 所示，应用 S7-1200 系列 PLC 实现小车控制。控制要求如下：

（1）小车的前进、后退均能点动控制；

（2）小车自动往返控制。

图 3-39 小车控制

项目四　定时控制及其应用

学习目标

学会使用 PLC 的定时器。

任务6　定时控制三相交流异步电动机

基础知识

一、任务分析

1. 定时控制三相交流异步电动机的控制要求

(1) 按下启动按钮，三相交流异步电动机1启动运行。

(2) 三相交流异步电动机1启动运行6s后，三相交流异步电动机2启动运行。

(3) 按下停止按钮，三相交流异步电动机1、三相交流异步电动机2停止。

2. 电气控制原理

三相交流异步电动机定时控制电气原理图如图4-1所示。

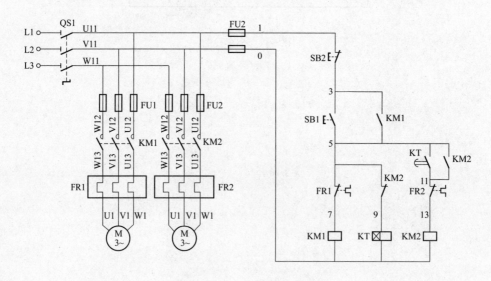

图4-1　三相交流异步电动机定时控制电气原理图

图4-1中各元器件的名称、代号、作用见表4-1。

名 称	代 号	作 用
启动按钮	SB1	启动控制
停止按钮	SB2	停止控制
时间继电器	KT	定时控制
交流接触器 1	KM1	电机 1 控制
交流接触器 2	KM2	电机 2 控制
热继电器 1	FR1	过载保护
热继电器 2	FR2	过载保护

表 4-1 元器件的代号、作用

3. 逻辑控制函数分析

控制 KM1 的启动的按钮为 SB1。

控制 KM1 的停止的按钮或开关为 SB2、FR1。

自锁控制触点为 KM1。

对于 KM1 来说，有

$$QA = SB1$$
$$TA = SB2 + FR1$$

根据继电器启停控制函数 $Y = (QA + Y) \cdot \overline{TA}$ 可以写出 KM1 的控制函数

$$KM1 = (QA + KM1) \cdot \overline{TA} = (SB1 + KM1) \cdot \overline{(SB2 + FR1)}$$
$$= (SB1 + KM1) \cdot \overline{SB2} \cdot \overline{FR1}$$

控制 KM2 的启动的触点为 KT。

控制 KM2 的停止的按钮或开关为 SB2、FR2。

顺序联锁的控制触点为 KM1。

自锁控制触点为 KM2。

对于 KM2 来说，有

$$QA = KT$$
$$TA = SB2 + FR2$$

根据继电器启停控制函数 $Y = (QA + Y) \cdot \overline{TA}$ 可以写出 KM2 的控制函数为

$$KM2 = KM1 \cdot (KT + KM2) \cdot \overline{TA} = KM1 \cdot (KT + KM2) \cdot \overline{(SB2 + FR2)}$$
$$= KM1 \cdot (KT + KM2) \cdot \overline{SB2} \cdot \overline{FR2}$$

定时器线圈控制函数为

$$KT = KM1 \cdot \overline{KM2}$$

二、PLC 控制程序设计

（一）S7-1200 系列 PLC 的定时器

使用定时器指令可创建编程的时间延时。用户程序中可以使用的定时器数仅受 CPU 存储器容量限制。每个定时器均使用 16 字节的 IEC 定时器（IEC_Timer）数据类型的 DB 结构来存储功能框或线圈指令顶部指定的定时器数据。STEP 7 会在插入指令时自动创建该 DB。

IEC 定时器分脉冲定时器 TP、接通延时定时器 TON、关断延时定时器 TOF、时间累加定时器 TONR 共 4 种。

1. 脉冲定时器

IEC 定时器属于函数块，调用时需要使用指定配套的背景数据块，定时器数据保存在背景数据块中。定时器没有编号，可以用背景数据块的名称（如 T1）作为定时器的名称，如图 4-2 所示。

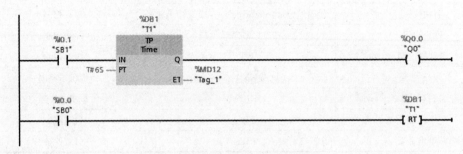

图 4-2 定时器的名称

脉冲定时器用于产生固定时间的脉冲。在脉冲定时器输入端 IN 使能（I0.1 为 ON）条件时，脉冲定时器输出端 Q 为 1，并开始定时，定时开始后经过的时间 ET（Elapsed Time）大于等于 PT（Preset Time）预设时间值时，脉冲定时器输出端 Q 为 0。

当 I0.0 为 ON 接通时，通过定时器复位线圈指令复位定脉冲定时器。

脉冲定时器工作时序图如图 4-3 所示。

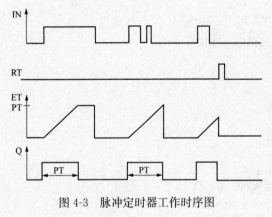

图 4-3 脉冲定时器工作时序图

在输入信号的上升沿，启动脉冲定时器，输入 Q 变为 1 状态，开始输出脉冲，定时开始后，当前时间从 0ms 开始不断增加，达到预设值 PT 时，输入 Q 变为 0 状态。如果输入 IN 仍为 1，ET 值保持不变，输入 IN 为 0 时，当前值变为 0。

输入脉冲小于预设值，在输出脉冲期间，输入 IN 出现下降沿，不影响脉冲输出。

定时器复位线圈通电时，脉冲定时器被复位。

PT 预设时间值，数据类型为 32 位的 Time 值，最大定时时间为：T＃24D＿20H＿31M＿23S＿647MS。其中，D、H、M、S 分别表示天、小时、分钟、秒。

2. 接通延时定时器

接通延时定时器 TON 用于将输出 Q 置位操作延时 PT 时间。输入 IN 为 ON 时，接通延时定时器开始定时，定时时间等于 PT 时，输出 Q 置位为 1，当前时间值保持不变。

输入为 OFF 时，定时器复位，输出 Q 变为 0 状态。

若输入信号 IN 在未达到 PT 值时变为 0 状态，输出 Q 保持 0 状态不变。

接通延时定时器工作时序图如图 4-4 所示。

定时器复位线圈 RT 得电时，定时器被复位，当前值变为 0。

3. 关断延时定时器

关断延时定时器 TOF 用于将输出 Q 复位操作延时 PT 时间。输入 IN 为 ON 时，输出 Q 为 1 状态，当前值被清零。在输入信号 IN 的下降沿，关断延时定时器开始定时，定时时间等于 PT 时，输出 Q 变为 0 状态，当前时间值保持不变，直到输入 IN 为 ON。

输入为 OFF 时，定时器复位，输出 Q 变为 0 状态。

若输入信号 IN 在未达到 PT 值时变为 1 状态，输出 Q 保持 1 状态不变。

定时器复位线圈 RT 得电时，输出 Q 变为 0，定时器被复位，当前值变为 0。

关断延时定时器工作时序图如图 4-5 所示。

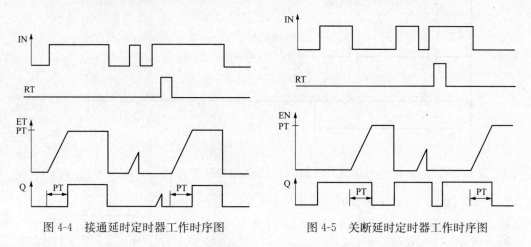

图 4-4 接通延时定时器工作时序图　　　　图 4-5 关断延时定时器工作时序图

4. 时间累加定时器

时间累加定时器 TONR 在 IN 输入导通时开始定时，IN 输入断开时，停止定时，累加的当前时间值不变，IN 输入再次导通时，继续定时，累加的当前时间值增加，累加的时间值达到 PT 时，输出 Q 变为 1 状态。

复位端 R 为 ON 时，输出 Q 变为 0 状态，时间累加定时器复位，当前值清零。

时间累加定时器 TONR 工作时序图如图 4-6 所示。

（二）定时器应用

酒店卫生间冲水控制时序如图 4-7 所示，I0.1 为光电开关，可检测到的使用者的信号，用 Q0.1 控制冲水电磁阀。

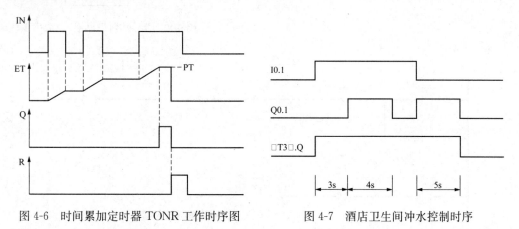

图 4-6 时间累加定时器 TONR 工作时序图　　　　图 4-7 酒店卫生间冲水控制时序

用定时器设计控制程序，酒店卫生间冲水控制程序如图 4-8 所示。

当有人使用卫生间时，I0.1 由 0 变为 1，TON 接通延时定时器开始定时，延时 3s 后，TON 接通延时定时器输出 Q 变为 1，脉冲定时器 IN 使能变为 1，TP 的 Q 输出"T2. Q"输出为 1，输出一个 4s 的脉冲，驱动电磁阀 Q0.1。

从 I0.1 的上升沿开始，TOF 关断延时定时器的 Q 输出"T3. Q"变为 1 状态，使用者离开

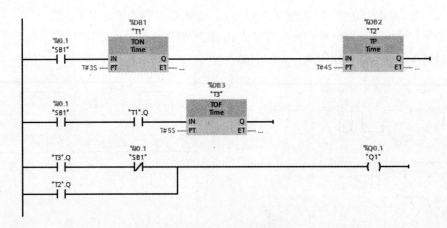

图 4-8　酒店卫生间冲水控制程序

时，I0.1 变为 OFF，TOF 关断延时定时器开始定时，输出保持为 1，再次驱动电磁阀 Q0.1 动作 5s，延时 5s 后，Q 输出 "T3. Q" 变为 0。

从时序波形图可见，控制冲水的电磁阀输出的高电平由两部分组成，一个由 "T2. Q" 提供，另一个由 "T3. Q" 与 I0.1 常闭触点的结果提供。

（三）PLC 输入/输出接线图

PLC 定时控制输入/输出接线图如图 4-9 所示。

（四）设计 PLC 控制程序

PLC 的 I/O（输入/输出）分配见表 4-2。

根据控制函数设计的 PLC 定时控制梯形图如图 4-10 所示。

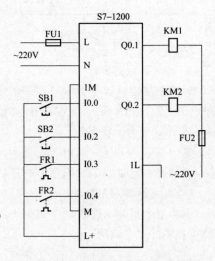

图 4-9　PLC 定时控制输入/输出接线图

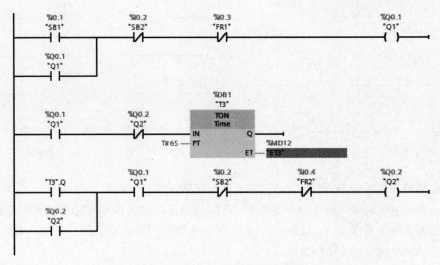

图 4-10　PLC 定时控制梯形图

表 4-2　PLC 的 I/O 分配

输　入		输　出	
SB1	I0. 1	KM1	Q0. 1
SB2	I0. 2	KM2	Q0. 2
FR1	I0. 3	KT	T3
FR2	I0. 4		

 技能训练

一、训练目标

（1）能够正确设计按时间顺序控制三相交流异步电动机的控制的 PLC 程序。

（2）能正确输入和传输 PLC 控制程序。

（3）能够独立完成按时间顺序控制三相交流异步电动机的控制线路的安装。

（4）按规定进行通电调试，出现故障时，应能根据设计要求进行检修，并使系统正常工作。

二、训练步骤与内容

1. 设计、输入 PLC 程序

（1）PLC 软元件分配。PLC 软元件分配见表 4-3。

表 4-3　PLC 软元件分配

外部元件	软元件	外部元件	软元件
SB1	I0. 1	KM1	Q0. 1
SB2	I0. 2	KM2	Q0. 2
FR1	I0. 3	KT	T1
FR2	I0. 4		

（2）根据 PLC 输入、输出写出控制函数。

$$Q0.1 = (I0.1 + Q0.1) \cdot \overline{I0.2} \cdot \overline{I0.3}$$

$$Q0.2 = (T3 + Q0.2) \cdot \overline{I0.2} \cdot \overline{I0.4} \cdot Q0.1$$

$$T3 = Q0.1 \cdot \overline{Q0.2}$$

（3）输入三相交流异步电动机 1 的控制程序，如图 4-11 所示。

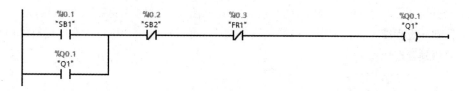

图 4-11　电动机 1 的控制程序

（4）输入定时器控制程序，将定时器编号设置为 T3。PT 预设值设为 6s。ET 定时经过值设置为 MD12，编号设置 ET3，如图 4-12 所示。

（5）输入三相交流异步电动机 2 的控制程序，如图 4-13 所示。

（6）梯形图编译。单击"编辑"→"编译"，对编辑好的梯形图进行编译。

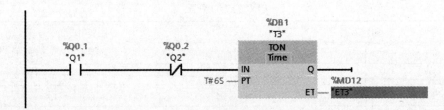

图 4-12　定时器控制程序

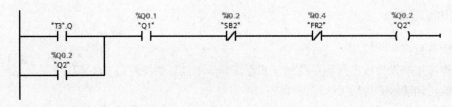

图 4-13　电动机 2 的控制程序

2. 系统安装与调试

（1）主电路按图 4-1 所示的三相交流异步电动机定时控制电气原理图接线。

（2）PLC 按图 4-9 所示的 PLC 定时控制输入/输出接线图接线。

（3）将 PLC 程序下载到 PLC。

（4）使 PLC 处于运行状态。

（5）按下启动按钮 SB1，观察 PLC 的输出点 Q0.1，观察电动机 1 的运行。

（6）等待 6s，观察 PLC 的输出点 Q0.2，观察电动机 2 的运行，体会定时器的作用。

（7）按下停止按钮 SB2，观察 PLC 的输出点 Q0.1、Q0.2，观察电动机 1、电动机 2 是否停止。

任务7　三相交流异步电动机的星—三角（Y—△）降压启动控制

 基础知识

一、任务分析

正常运转时定子绕组接成三角形的三相异步电动机在需要降压启动时，可采用星—三角（Y—△）降压启动的方法进行空载或轻载启动。其方法是启动时先将定子绕组接成星形接法，待转速上升到一定程度，再将定子绕组的接线改接成三角形，使电动机进入全压运行。由于此法简便经济而得到普遍应用。

1. 电动机的星—三角降压启动控制要求

（1）能够用按钮控制电动机的启动和停止。

（2）电动机启动时定子绕组接成星形，延时一段时间后，自动将电动机的定子绕组换接成三角形。

（3）具有短路保护和电动机过载保护等必要的保护措施。

2. 电气控制原理

继电器控制的电动机星—三角降压启动控制电气原理图如图 4-14 所示。

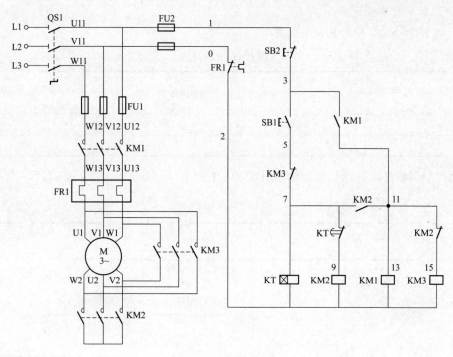

图 4-14 电动机星—三角降压启动控制电气原理图

图 4-14 中各元器件的名称、代号、作用见表 4-4。

表 4-4　　　　　　　　　　元器件的代号、作用

名　称	代　号	用　途
启动按钮	SB1	启动控制
停止按钮	SB2	停止控制
热继电器	FR1	过载保护
交流接触器	KM1	电源控制
交流接触器	KM2	星形连接
交流接触器	KM3	三角形连接
时间继电器	KT	延时自动转换控制

3. 逻辑控制函数分析

分析三相交流异步电动机的星—三角（Y—△）降压启动控制线路，可以写出如下的控制函数，即

$KM1 = (SB1 \cdot \overline{KM3} \cdot KM2 + KM1) \cdot \overline{SB2} \cdot \overline{FR1}$

$KM2 = (SB1 \cdot \overline{KM3} + KM1 \cdot KM2) \cdot$

$\overline{SB2} \cdot \overline{FR1} \cdot \overline{KT}$

$KM3 = KM1 \cdot \overline{KM2}$

$KT = KM1 \cdot KM2$

二、设计 PLC 控制程序

1. PLC 输入/输出接线图

PLC 输入/输出接线如图 4-15 所示。

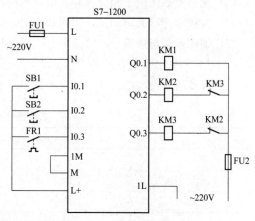

图 4-15 PLC 输入/输出接线图

任务
7

2. PLC 控制程序设计

PLC 的 I/O（输入/输出）分配见表 4-5。

表 4-5　　　　　　　　　　　PLC 的 I/O 分配

输　入		输　出	
SB1	I0.1	KM1	Y1
SB2	I0.2	KM2	Y2
FR1	I0.3	KM3	Y3

根据控制函数设计的 PLC 控制梯形图如图 4-16 所示。

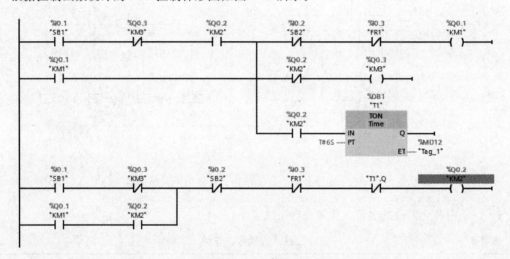

图 4-16　PLC 控制梯形图

 技能训练

一、训练目标

（1）能够正确设计三相交流异步电动机的星—三角（Y—△）降压启动控制的 PLC 程序。

（2）能正确输入和传输 PLC 控制程序。

（3）能够独立完成三相交流异步电动机的星—三角（Y—△）降压启动控制线路的安装。

（4）按规定进行通电调试，出现故障时，应能根据设计要求进行检修，并使系统正常工作。

二、训练步骤与内容

1. 设计、输入 PLC 程序

（1）PLC 的输入/输出（I/O）分配。PLC 的 I/O 分配见表 4-6。

表 4-6　　　　　　　　　　　PLC 的 I/O 分配

输　入		输　出	
SB1	I0.1	KM1	Q0.1
SB2	I0.2	KM2	Q0.2
FR1	I0.3	KM3	Q0.3
		KT	T37

（2）根据 PLC 的 I/O 分配，写出控制函数，即

$$Q0.1 = (I0.1 \cdot \overline{Q0.3} \cdot Q0.2 + Q0.1) \cdot \overline{I0.2} \cdot \overline{I0.3}$$

$$Q0.2 = (I0.1 \cdot \overline{Q0.3} + Q0.1 \cdot Q0.2) \cdot \overline{T1}$$

$$Q0.3 = Q0.1 \cdot \overline{Q0.2}$$

$$T1 = Q0.1 \cdot Q0.2$$

（3）根据控制函数画出 PLC 梯形图。

（4）输入接触器 KM1 的控制程序，如图 4-17 所示。

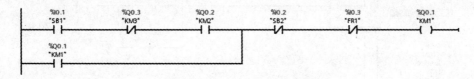

图 4-17　KM1 的控制程序

（5）输入接触器 KM3 的控制程序，如图 4-18 所示。

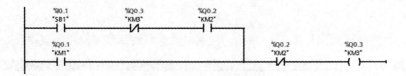

图 4-18　KM3 的控制程序

（6）输入定时器 KT 的控制程序，如图 4-19 所示。

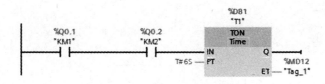

图 4-19　KT 的控制程序

（7）输入接触器 KM2 的控制程序，如图 4-20 所示。

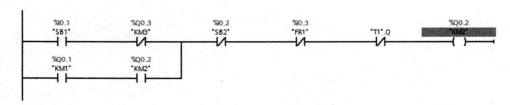

图 4-20　KM2 的控制程序

（8）梯形图编译。单击"编辑"→"编译"，对编辑好的梯形图进行编译。之后可单击保存按钮，保存项目。

（9）查看 FBD 程序。

1）单击"编辑"→"切换编程语言"→"FBD"，切换到函数功能图显示画面，如图 4-21所示。

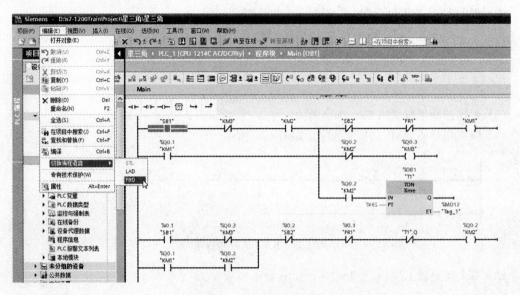

图 4-21 切换编程语言

2）函数功能图显示画面如图 4-22 所示，注意串联电路块并联逻辑块的应用。

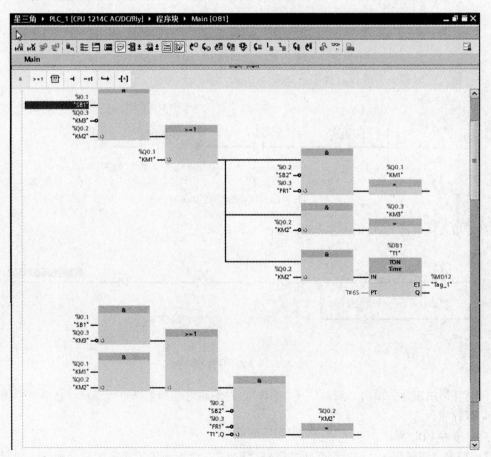

图 4-22 函数功能图显示画面

（10）查看梯形图程序。单击"编辑"→"切换编程语言"→"LAD"，切换到梯形图显示画面，此时可查看梯形图程序。

2. 系统安装与调试

（1）主电路按图 4-14 所示接线。

（2）PLC 按图 4-15 所示接线。

（3）将 PLC 控制程序下载到 PLC。

（4）使 PLC 处于运行状态。

（5）按下启动按钮 SB1，观察 PLC 的输出点 Q0.1、Q0.2，观察电动机的星形启动运行状况，观察定时器 T1 的当前值变化。

（6）等待 6s，观察 PLC 的输出点 Q0.1、Q0.3，观察电动机的三角形运行状况，观察定时器 T37 的当前值变化。

（7）按下停止按钮，观察 PLC 的输出点 Q0.1、Q0.2、Q0.3，观察电动机是否停止。

 技能提高训练

1. 转换设计法

接触器、继电器线路转换设计法是依据控制对象的接触器、继电器线路原理图，用 PLC 对应的符号和功能相类似软元件，把原来的接触器、继电器线路转换成梯形图程序的设计方法，简称转换设计法。

转换设计法特别适合于 PLC 程序设计的初学者，也适用于对原有旧设备的技术改造。转换设计法应用的操作步骤如下。

（1）仔细研读接触器、继电器线路。在读图时注意区分原有设备主电路与控制电路，确定主电路的关键元件及相互关联的元件和电路，分析主电路，分析控制电路，分析各元件在电路中的作用。

（2）确定 PLC 输入输出及接线图。将现有的接触器、继电器线路图上的元件进行编号并制作 PLC 软元件符号地址表，即对线路图上的输入信号如按钮、行程开关、传感器开关等进行 PLC 软元件编号并转换为 PLC 对应输入点；对线路图上的接触器线圈、电磁阀、指示灯、数码管等控制对象进行 PLC 软元件编号并转换为 PLC 对应输出点。

（3）确定 PLC 的辅助继电器、定时器。将现有的接触器、继电器线路图上的中间继电器、定时器元件进行编号并制作 PLC 软元件符号地址表。

（4）画出梯形图草图。

（5）简化、完善梯形图程序。

1）利用逻辑代数运算简化函数表达式，简化 PLC 程序。

2）利用辅助继电器取代重复使用部分，简化 PLC 程序。

3）分网络、模块化编程，使 PLC 程序清晰。

4）加强保护与诊断，完善 PLC 程序。

应用转换设计法时的注意事项：①按钮、行程开关、传感器开关等采用常开触点输入时，PLC 控制逻辑与接触器、继电器线路图控制逻辑相同；②按钮、行程开关、传感器开关等某个开关采用常闭触点输入时，PLC 控制逻辑图中对应的触点状态取反。

2. 双速电动机控制

双速电动机控制电气原理图如图 4-23 所示，下面利用转换设计法设计双速电动机 PLC 控制程序。

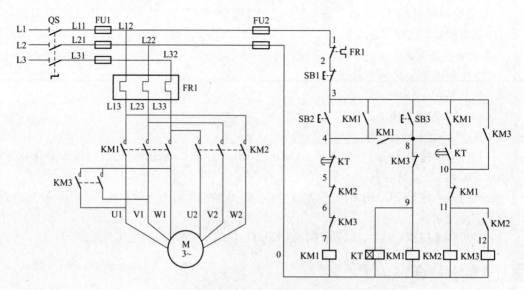

图 4-23　双速电动机控制电气原理图

（1）设置 PLC 软元件。PLC 软元件分配见表 4-7。

表 4-7　　　　　　　　　　　　　　　PLC 软元件分配

元件名称	代号	软元件地址	作用
停止按钮	SB1	I0.1	停止
按钮 1	SB2	I0.2	低速启动
按钮 2	SB3	I0.3	低速启动高速运行
热继电器	FR1	I0.4	过载保护
接触器 1	KM1	Q0.1	低速运行
接触器 2	KM2	Q0.2	高速运转
接触器 3	KM3	Q0.3	高速运转
辅助继电器	M1	M3.0	辅助控制
定时器	KT	T37	定时控制

（2）根据双速电动机 PLC 控制线路和软元件分配，写出双速电动机逻辑控制函数，为

$$Q0.1 = (I0.2 + Q0.1 + M3.0) \cdot \overline{I0.1} \cdot \overline{I0.4} \cdot \overline{Q0.2} \cdot \overline{T1}$$

$$Q0.2 = (T1 + Q0.2) \cdot \overline{I0.1} \cdot \overline{I0.4} \cdot \overline{Q0.1}$$

$$Q0.3 = Q0.2$$

$$M3.0 = (I0.3 + M3.0) \cdot \overline{I0.1} \cdot \overline{I0.4} \cdot \overline{T1}$$

其中，T1 为定时器 T1 的输入端控制条件，T1 = M3.0。

（3）根据双速电动机逻辑控制函数设计 PLC 控制程序，如图 4-24 所示。

3．三速电动机控制

三速电动机控制电气原理图如图 4-25 所示，下面利用转换设计法设计三速电动机 PLC 控制程序。

4．用 V80 系列 PLC 实现降压启动控制

（1）V80 系列 PLC 的定时器。

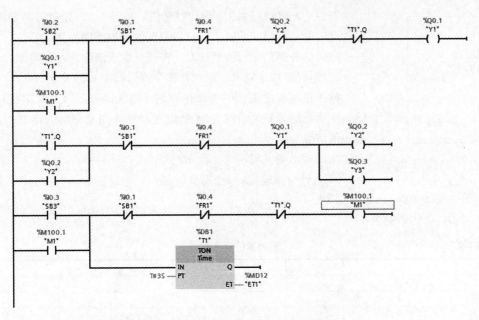

图 4-24　双速电动机的 PLC 控制程序

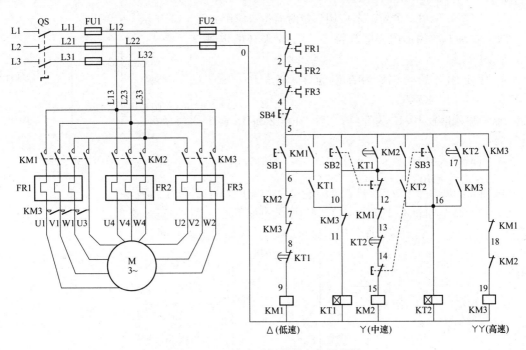

图 4-25　三速电动机控制电气原理图

1）矩形 V80 系列 PLC 的定时器分类：T1.0 为 1s 定时器；T0.1 为 0.1s 定时器；T0.01 为 0.01s 定时器。

T1.0 定时器以 1s 为计时单位，每经 1s 定时器的累计加 1。累计计时值达到设定值时，定时器驱动的输出线圈为"ON"。

T0.1 定时器以 0.1s 为计时单位，每经 0.1s 定时器的累计加 1。累计计时值达到设定值时，定时器驱动的输出线圈为"ON"。

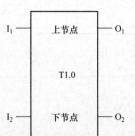

图 4-26 定时器指令符号

T0.01 定时器以 0.01s 为计时单位，每经 0.01s 定时器的累计加 1。累计计时值达到设定值时，定时器驱动的输出线圈为 "ON"。

定时器外部信号可激活计时、停止计时、清除计时等动作。

2）定时器指令符号。定时器指令符号如图 4-26 所示。

输入控制端说明：I_1 为动作控制，输入动作时（ ）执行计时功能；I_2 为计时累积值清除控制 低电平动作，当动作时（即 0）定时器累积值清除为 0。

功能输出端说明：

01 为计时到输出，＝1 时计时累积值＝设置值，＝0 时计时累积值＜设置值。02 与 01 输出相反。

定时器的操作数见表 4-8。

表 4-8　　　　　　　　　　　　定时器的操作数

	0	1	2	3	4	C	P	L
上节点				√	√	√		
下节点					√			

常数 C 的范围是 0～65535。

（2）V80 系列 PLC 的定时器应用。定时器指令应用如图 4-27 所示。

图 4-27 所示的梯形图程序为每 5s 钟一个循环的定时器，其动作流程如下。

1）假定刚开始 40012 内存值为零，此时 00040 ＝ "OFF"，00041 ＝ "ON"。

2）当输入信号 10012 为 "ON" 后，40012 每 1s 累计加 1。

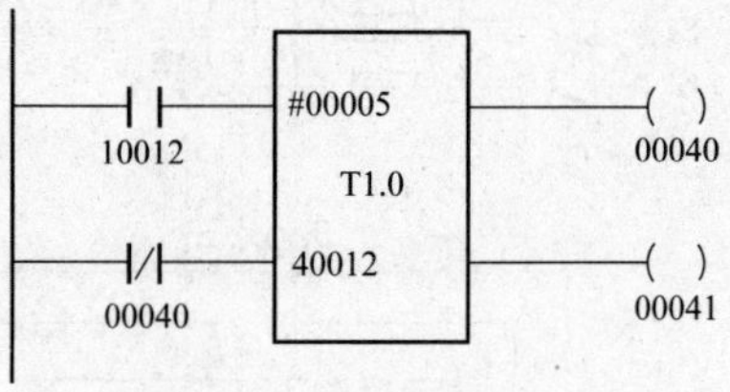

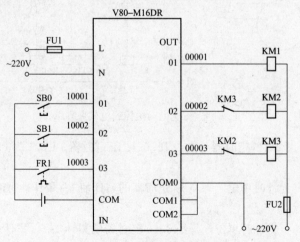

图 4-27 定时器指令应用

3）当 10012 "ON" 后 5s，40012 值＝5，此时输出为：00040 ＝ "ON"，00041 ＝ "OFF"

4）由于 00040 ＝ "ON" 导致 I_2 的输入为 "OFF"，连带 40012 清 "0"。

5）40012＝0，00040 回至 "OFF"，40012 再度累加，动作回到步骤 3）。

（3）PLC 输入/输出接线图。PLC 输入/输出接线如图 4-28 所示。

图 4-28　PLC 输入/输出接线

（4）设计 PLC 控制程序。

1）PLC 的软元件分配见表 4-9。

表 4-9   **PLC 的软元件分配**

元件代号	符号变量	软元件地址
SB1	X1	10001
SB2	X2	10002
FR1	X3	10003
KM1	Y1	00001
KM2	Y2	00002
KM3	Y3	00003
KT	T1	00020

2）控制函数。逻辑控制函数为

$$Y1 = (X1 \cdot \overline{Y3} \cdot Y2 + Y1) \cdot \overline{X2} \cdot \overline{X3}$$

$$Y2 = (X1 \cdot \overline{Y3} + Y1 \cdot Y2) \cdot \overline{T1}$$

$$Y3 = Y1 \cdot \overline{Y2}$$

$$I1 = Y1 \cdot Y2$$

3）PLC 控制梯形图。根据逻辑控制函数设计的星—三角降压启动 PLC 控制梯形图如图 4-29 所示。

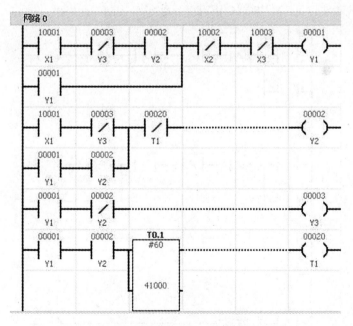

图 4-29 星—三角降压启动 PLC 控制梯形图

5. 用 V80 系列 PLC 控制双速电动机

双速电机控制电气原理图见图 4-23。

（1）PLC 的软元件分配见表 4-10。

表 **4-10**   **PLC 的软元件分配**

元件名称	代号	符号变量	软元件地址	作用
停止按钮	SB1	X1	10001	停止
按钮 1	SB2	X2	10002	低速启动
按钮 2	SB3	X3	10003	低速启动高速运行
热继电器	FR1	X4	10004	过载保护
接触器 1	KM1	Y1	00001	低速运行
接触器 2	KM2	Y2	00002	高速运转
接触器 3	KM3	Y3	00003	高速运转
辅助继电器	M1	M1	00030	辅助控制
定时器	KT	T1	00040	定时控制

（2）双速电动机控制函数。逻辑控制函数为

$$Y1 = (X2 + Y1 + M1) \cdot \overline{X1} \cdot \overline{X4} \cdot \overline{Y2} \cdot \overline{T1}$$

$$Y2 = (T1 + Y2) \cdot \overline{X1} \cdot \overline{X4} \cdot \overline{Y1}$$

$$Y3 = Y2$$

$$M1 = (X3 + M1) \cdot \overline{X1} \cdot \overline{X4} \cdot \overline{T1}$$

$$I1 = M1$$

V80 系列 PLC 控制双速电动机的梯形图如图 4-30 所示。

6. 用 V80 系列 PLC 控制三速电动机

三速电动机控制线路见图 4-18，试用 V80 系列 PLC 控制三速电机。

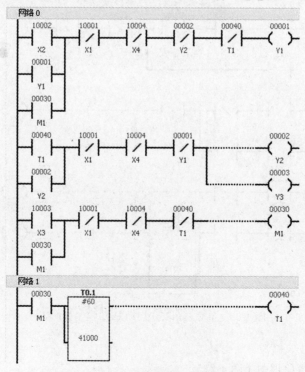

图 4-30　PLC 控制双速电动机梯形图

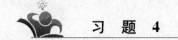

习 题 4

1. 简述如何根据接触器、继电器线路图设计 PLC 控制程序。

2. 简述如何根据 PLC 控制程序写出控制函数。

3. 简述如何进行 PLC 的程序移植。

任务 7

项目五 计数控制及其应用

学习目标

学会使用计数器指令。

任务8 工作台循环移动的计数控制

基础知识

一、任务分析

1. 控制要求

用 PLC 控制工作台自动往返运行，工作台前进、后退由电动机通过丝杆拖动。工作台的运行示意图如图 5-1 所示。控制要求如下。

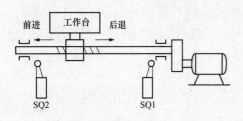

图 5-1 工作台的运行示意图

（1）按下启动按钮，工作台自动循环工作。

（2）按下停止按钮，工作台停止。

（3）点动控制（供调试用）。

（4）6 次循环运行。

2. 控制分析

（1）工作台的前进、后退可以由电动机正反转控制程序实现。

（2）自动循环可以通过行程开关在电动机正反转的基础上的联锁控制实现，即在正转结束位置，通过该位置上的行程开关切断正转程序的执行，并启动反转控制程序；在反转结束位置，通过该位置上的行程开关切断反转程序的执行，并启动正转控制程序。

（3）点动控制通过解锁自锁环节来实现。

（4）有限次的运行通过计数器指令计数运行次数，从而决定是否终止程序的运行。

二、PLC 控制程序设计

（一）S7-1200 系列 PLC 的计数器

1. 计数器简介

计数器用于对输入脉冲的个数进行计数，实现计数控制。

使用计数器时要事先在程序中给出计数的设定值，当满足计数输入条件时，计数器开始累计计数输入端的脉冲前沿的次数，当计数器的当前值达到设定值时，计数器动作。

S7-1200 系列 PLC 的计数器有加计数器（CTU）、减计数器（CTD）和加减计数器（CTUD）3 种，它们属于软件计数器，其最大计数频率受 OB1 的扫描频率限制。如果要使用更高频率的计数器，可以使用 CPU 内置的高速计数器。

IEC 计数指令是函数块，调用它们时，需要生成保存计数值的背景数据块。

计数器的当前值表示当前计数器所累计的次数，用 16 位整数表示。

对于加计数器、加减计数器，当计数器当前值达到设定值时，计数器状态位为"ON"。

对于减计数器，当前值减为 0 时，计数器位为"ON"。

2. 计数器操作梯形图符号

计数器操作的梯形图符号见表 5-1。

表 5-1   计数器操作的梯形图符号

名称	加计数器	减计数器	加减计数器
计数器类型	CTU	CTD	CTUD
梯形图符号	%DB1 "CTU1" CTU Int — CU Q — — R CV — PV	%DB2 "CTD2" CTD Int — CD Q — — LD CV — PV	%DB3 "CTUD1" CTUD Int — CU QU — — CD QD — — R CV — — LD — PV
操作端	CU、CD：指定计数条件，bool 型数据； R：指定复位条件，bool 型数据； LD：预设值的装载控制，bool 型数据； PV：预设值，整数型； CV：当前计数值		

3. 加计数器

加计数器梯形图如图 5-2 所示。

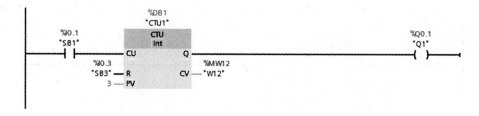

图 5-2   加计数器梯形图

当复位端 R 为 0 状态，接在 CU 加计数输入端有一个计数脉冲输入时，加计数器的当前值 CV 加 1，再有脉冲输入，CV 不断增加，直到 CV 达到预设值，或 CV 值大于 PV 值，输出 Q 为 1 状态。

第一次上电时，CV 值被清零，当复位端 R 为 1 状态时，加计数器被复位，输出 Q 变为 0 状态，CV 值清零。

加计数器的操作时序如图 5-3 所示。

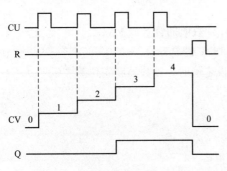

图 5-3 加计数器的操作时序

4. 减计数器

减计数器梯形图如图 5-4 所示。

当加载端 LD 为 1 状态，输出 Q 被复位，预设置 PV 值加载到 CV，CD 端不起作用。

LD 为 0 状态，在减计数端 CD 的上升沿，减计数器的当前值 CV 减 1，再有脉冲输入，CV 不断减少，直到 CV 达到 0，或 CV 值小于 0，输出 Q 为 1 状态。

减计数器的操作时序如图 5-5 所示。

5. 加减计数器

加减计数器梯形图如图 5-6 所示。

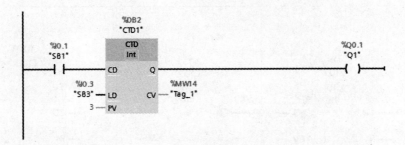

图 5-4 减计数器梯形图

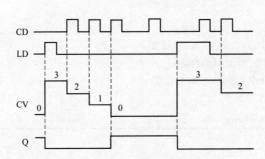

图 5-5 减计数器的操作时序

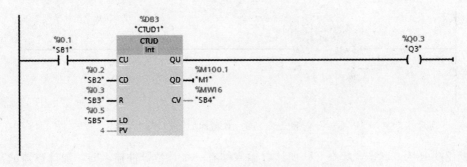

图 5-6 加减计数器梯形图

在加计数输入端 CU 上升沿，当前计数值 CV 加 1，在减计数输入端 CD 上升沿，当前计数值 CV 减 1。

CV 值大于等于 PV 值，输出 QU 为 1，反之为 0。

CV 值小于等于 0，输出 QD 为 1，反之为 0。

加载 LD 端为 1 时，PV 值被装载到 CV。QU 变为 1，QD 被复位为 0。

加减计数器的操作时序如图 5-7 所示。

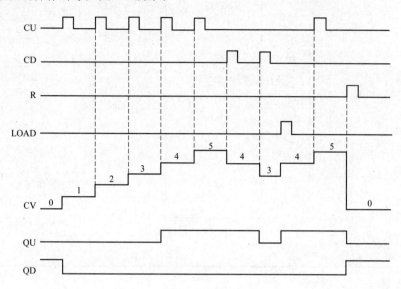

图 5-7　加减计数器的操作时序

（二）设计工作台循环移动的计数控制 PLC 程序

（1）PLC 软元件分配见表 5-2。

表 5-2　　　　　　　　　　　　　　PLC 软元件分配

元件代号	软元件地址	作用
SB0	I0.0	停止
SB1	I0.1	正转按钮
SB2	I0.2	反转按钮
SQ1	I0.3	后退限位
SQ2	I0.4	前进限位
FR1	I0.5	过热过载保护
K1	I0.6	点动/连续
K2	I0.7	单次/循环
KM1	Q0.1	正转
KM2	Q0.2	反转

（2）PLC 接线图。PLC 接线图如图 5-8 所示。

（3）PLC 控制程序。PLC 控制程序如图 5-9 所示。

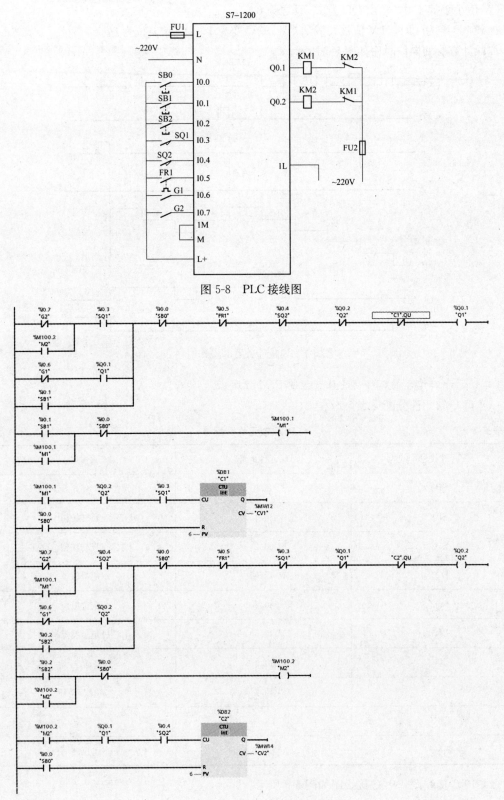

图 5-8　PLC 接线图

图 5-9　PLC 控制程序

技能训练

一、训练目标

(1) 能够正确设计工作台循环移动的计数控制的 PLC 程序。

(2) 能正确输入和传输 PLC 控制程序。

(3) 能够独立完成工作台循环移动的计数控制线路的安装。

(4) 按规定进行通电调试，出现故障时，应能根据设计要求进行检修，并使系统正常工作。

二、训练步骤与内容

1. 设计、输入 PLC 程序

(1) PLC 输入/输出（I/O）分配。PLC 的 I/O 分配见表 5-3。

表 5-3   **PLC 的 I/O 分配**

元件名称	代号	符号	作用
按钮 0	SB0	I0.0	停止
按钮 1	SB1	I0.1	前进按钮
按钮 2	SB2	I0.2	后退按钮
行程开关 1	SQ1	I0.3	后退限位
行程开关 2	SQ2	I0.4	前进限位
热继电器	FR1	I0.5	过载保护
功能开关 1	G1	I0.6	点动/连续控制
功能开关 2	G2	I0.7	单周/多次循环控制
接触器 1	KM1	Q0.1	正转控制
接触器 2	KM2	Q0.2	反转控制
计数器 1	CNT1	C1	计数控制
计数器 2	CNT2	C2	计数控制

(2) PLC 控制函数。根据控制要求可以写出 Q0.1、Q0.2 的 PLC 逻辑控制函数为

$$Q0.1 = [\overline{I0.6} \cdot Q0.1 + (\overline{I0.7} + M0.2) \cdot I0.3 + I0.1] \cdot \overline{I0.0} \cdot \overline{I0.5} \cdot \overline{I0.4} \cdot \overline{Q0.2} \cdot \overline{C1}$$

$$Q0.2 = [\overline{I0.6} \cdot Q0.2 + (\overline{I0.7} + M0.1) \cdot I0.4 + I0.2] \cdot \overline{I0.0} \cdot \overline{I0.5} \cdot \overline{I0.3} \cdot \overline{Q0.1} \cdot \overline{C2}$$

$$M0.1 = (I0.1 + M0.1) \cdot \overline{I0.0}$$

$$M0.2 = (I0.2 + M0.2) \cdot \overline{I0.0}$$

1) C1 计数输入控制：M0.1 为 ON 时，Q0.2 的下降沿到来。

2) C1 计数复位控制：I0.0。

3) C2 计数输入控制：M0.2 为 ON 时与 Q0.1 的下降沿到来。

4) C2 计数复位控制：I0.0。

(3) 画出 PLC 梯形图。

(4) 输入正转控制程序。输入基本的正转控制程序，如图 5-10 所示。

(5) 输入反转控制程序。输入基本的反转控制程序，如图 5-11 所示。

(6) 加互锁的正反转控制。加互锁的正反转控制程序如图 5-12 所示。

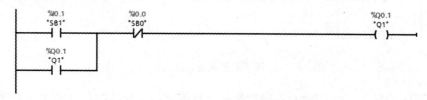

图 5-10   正转控制程序

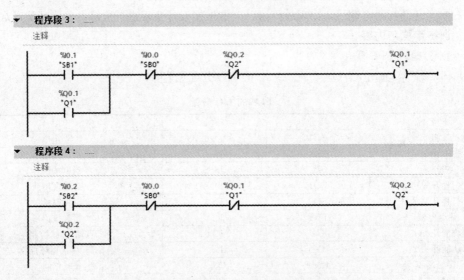

图 5-11　反转控制程序

图 5-12　加互锁的正反转控制程序

（7）加行程开关的自动往返功能。加行程开关 SQ1、SQ2 控制的自动往返功能的程序如图 5-13所示。

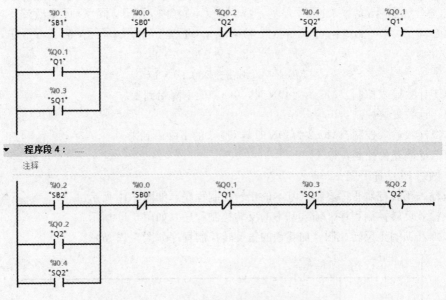

图 5-13　行程开关控制的自动往返功能程序

（8）解锁自锁环节，加点动调试功能。点动/连续控制 I0.6 为 ON 时，系统处于点动控制状态，在自锁环节中串入 I0.6 的常闭触点，解锁自锁环节，就增加了点动调试功能，如图 5-14 所示。

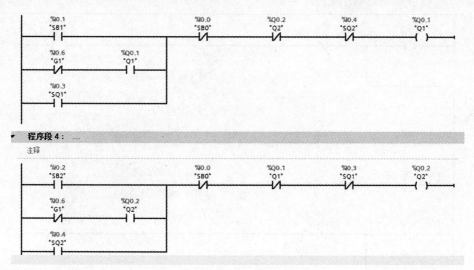

图 5-14　增加点动调试功能

（9）单次循环控制。单周/多次循环控制 I0.7 为 ON 时，系统处于单周运行状态，通过解锁循环联锁控制，即在行程开关的联锁的循环控制环节串入 I0.7 的常闭触点实现，增加的辅助继电器 M0.1、M0.2 保证单次循环控制的实现。单次循环控制梯形图如图 5-15 所示。

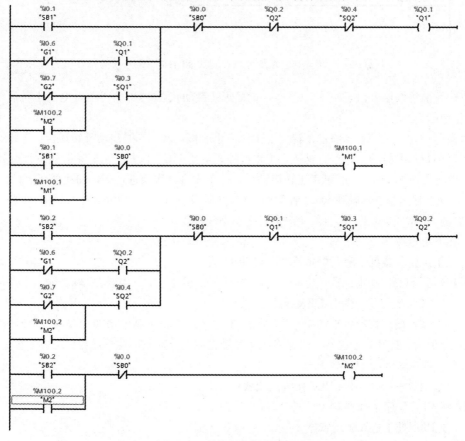

图 5-15　单次循环控制梯形图

（10）增加计数控制功能。增加计数控制功能的梯形图如图 5-16 所示。

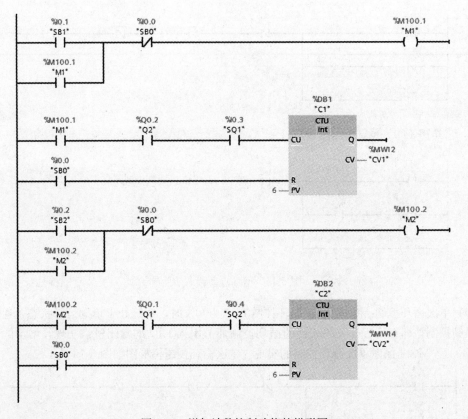

图 5-16　增加计数控制功能的梯形图

1）按下前进按钮 I0.1，M0.1 为 ON，记忆正转启动状态，Q0.1 得电，电机正转启动运行，驱动工作台前进。

2）碰到行程开关 SQ2，停止正转，工作台停止前移，SQ2 同时启动反转运行，工作台后退。

3）碰到行程开关 SQ1，停止反转，工作台停止后退，Q0.2 失电，下降沿触发计数器 C1 计数，C1 当前值加 1，SQ1 同时触发正转启动运行，工作台再次前进，…，如此循环运行。

4）将 C1 常闭触点串联到 Q0.1 控制回路中，C1 当前值等于 6 时，C1 为 ON，串联在 Q0.1 输入电路的 C1 常闭触点断开，Q0.1 失电，终止循环运行。

5）按下后退按钮 I0.2，M0.2 为 ON，记忆反转启动状态。

6）电机反转、碰到 SQ1，停止反转、启动正转。

7）正转到 SQ2，停止正转，启动正转，C2 计数；循环 6 次，串联在 Q0.2 输入电路的 C2 常闭触点断开，Q0.2 失电，终止循环运行。

（11）工作台循环移动控制功能完整的梯形图。在正反转控制中增加计数器控制程序，计数值达到设定值时，停止控制循环。工作台循环移动控制功能完整的梯形图程序见图 5-9。

2. 系统安装与调试

（1）PLC 按图 5-8 所示的 PLC 接线图接线。

（2）将 PLC 程序下载到 PLC。

（3）使 PLC 处于连线运行状态。

（4）接通 I0.6 输入端开关，I0.6 常闭触点断开，系统处于点动调试状态。

（5）按下前进控制按钮 SB1，点动控制电动机正转，使工作台点动前进，并注意观察输出端 Q0.1 的状态变化。

（6）按下后退控制按钮 SB2，点动控制电动机反转，使工作台点动后退，并注意观察输出端 Q0.2 的状态变化。

（7）断开 I0.6 输入端开关，I0.6 常闭触点接通，系统处于连续运行状态。

（8）按下前进控制按钮 SB1，电动机正转连续运行，使工作台前进，并注意观察输出端 Q0.1 的状态变化。

（9）工作台前进运行到左边极限位，碰到限位开关 SQ2，终止电动机的正转，并使电动机反转运行。

（10）工作台后退到右边极限位，碰到限位开关 SQ1，终止电动机的反转，并使电动机正转运行。

（11）按下停止按钮，电动机停止。

（12）接通 I0.7 输入端开关，I0.7 常闭触点断开，解锁自动往返控制环节。

（13）按下前进启动按钮 I0.1，电动机正转前进。

（14）前进到左极限位，限位开关 SQ2 终止正转，并使电动机反转，工作台后退。

（15）后退到 SQ1 处，碰到右限位开关 SQ1，终止反转并停止运行。

（16）断开 I0.7 输入端开关，I0.7 常闭触点接通，系统处于多次循环运行状态。

（17）按下前进控制按钮 SB1，观察工作台的运行状态，观察计数器 C1 当前值的变化，观察工作台往返运行 6 次后是否停止，观察工作台的位置。

（18）按下停止按钮，观察计数器 C1、C2 当前值的变化。

（19）按下后退控制按钮 SB2，观察工作台的运行状态，观察计数器 C2 当前值的变化，观察工作台往返运行 6 次后是否停止，观察工作台的位置。

（20）按下停止按钮，观察计数器 C1、C2 当前值的变化。

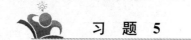

习 题 5

1. 简述 S7-1200 系列 PLC 的计数器分类。

2. 简述 S7-1200 系列 PLC 的加计数器的使用方法。

任务 8

项目六　步进顺序控制

学习目标

学会步进顺序控制程序设计思维和方法。

任务 9　用步进顺序控制方法实现星－三角（Y—△）降压启动控制

基础知识

一、任务分析

1. 控制要求

（1）按下启动按钮，电动机定子绕组接成星形启动，延时一段时间后，自动将电动机的定子绕组换接成三角形运行。

（2）按下停止按钮，电动机停止。

（3）具有短路保护和电动机过载保护等必要的保护措施。

2. 电气控制原理

继电器控制的星—三角降压启动控制电气原理图如图 6-1 所示。

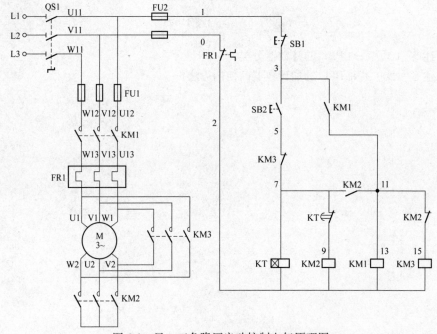

图 6-1　星—三角降压启动控制电气原理图

图 6-1 中各元器件的名称、代号、作用见表 6-1。

表 6-1 元器件的名称、代号、作用

名　称	代　号	作　用
交流接触器	KM1	电源控制
交流接触器	KM2	星形连接
交流接触器	KM3	三角形连接
时间继电器	KT	延时自动转换控制
启动按钮	SB1	启动控制
停止按钮	SB2	停止控制
热继电器	FR1	过载保护

二、步进顺序控制

1. 步进顺序控制

步进顺序控制，就是按照生产工艺要求，在输入信号的作用下，根据内部的状态和时间顺序，一步接一步有序地控制生产过程进行。在实现顺序控制的设备中，输入信号来自现场的按钮开关、行程开关、接触器触点、传感器的开关信号等，输出控制的负载一般是接触器、电磁阀等。通过接触器控制电动机动作或通过电磁阀控制气动、液动装置动作，使生产机械有序地工作。步进顺序控制中，生产过程或生产机械是按秩序、有步骤连续地工作。

通常可以把一个较复杂的生产过程分解为若干步，每一步对应生产的一个控制任务（工序），也称为一个状态。

图 6-2 所示为星—三角降压启动控制的工作流程，系统处于初始静止状态时，按下启动按钮，系统转入第一步，即星形启动状态，延时一段时间转入第二步，即三角形运行状态，按下停止按钮，系统回到初始状态。

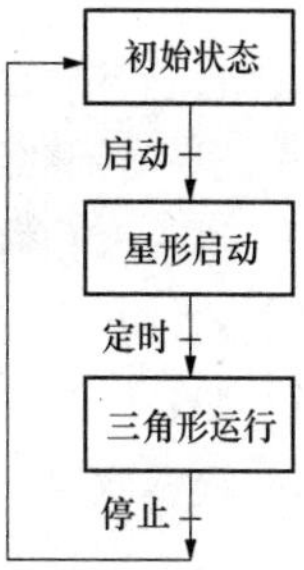

从图 6-2 可以看到，每个方框表示一步工序，方框之间用带箭头的直线相连，箭头方向表示工序转移方向。按生产工艺过程，将转移条件写在直线旁边，转移条件满足，上一步工序完成，下一步开始。方框描述了该工序应该完成的控制任务。

由以上分析可知步进顺序控制具有以下特点。

（1）将复杂的顺序控制任务或过程分解为若干个工序（或状态），有利于程序的结构化设计。分解后的每步工序（或状态）都应分配一个状态控制元件，确保顺序控制的按要求顺序进行。

（2）相对于某个具体的工序来说，控制任务实现了简化，局部程序编制方便。每步工序（或状态）都有驱动负载能力，能使输出执行元件动作。

（3）整体程序是局部程序的综合。每步工序（或状态）在转移条件满足时，都会转移到下一步工序，并结束上一步工序。只要清楚各工序成立的条件、转移的条件和转移的方向，就可以进行顺序控制程序的设计。

2. 状态转移图

任何一个顺序控制任务或过程可以分解为若干个工序，每个工序就是控制过程的一个状态，将图 6-2 中的工序更换为"状态"，就得到了顺序控制的状态转移图。状态转移图就是用状态来描述控制任务或过程的流程图。

在状态转移图中，一个完整的状态，应包括状态的控制元件、状态所驱动的负载、转移条件

图 6-2　星—三角降压启动控制的工作流程

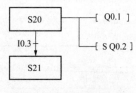

图 6-3　状态转移图中的
一个完整状态

和转移方向。图 6-3 所示为状态转移图中的一个完整的状态。方框表示一个状态，框内用状态元件标明该状态名称，状态之间用带箭头的线段连接（箭头由上至下、由左至右时可不标注，其他情况时箭头要标出），线段上的垂直短线及旁边标注为状态转移条件，方框右边为该状态的驱动输出。图 6-3 中，当 S20 状态继电器为 ON 时，顺序控制进入 S20 状态。输出继电器 Q0.1 被驱动，通过置位指令使 Q0.2 置位并自锁。当转移条件 I0.3 的常开触点闭合时，顺序控制转移到下一个状态 S21。S20 自动复位断开，该状态下的动作停止，驱动的元件 Q0.1 复位，置位指令驱动的元件 Q0.2 仍保持接通。

设 S20 的前一状态是 S0，图 6-3 所示状态转移图对应的梯形图如图 6-4 所示。

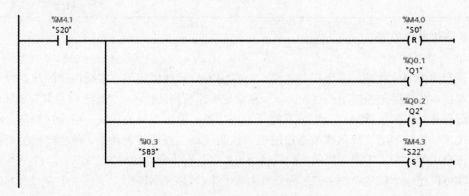

图 6-4　与状态转移图对应的梯形图

状态 S20 激活后，首先复位前一状态，接着完成本状态的驱动任务，最后编制状态转移程序，根据转移条件，通过置位指令向下一状态转移。

星—三角降压启动控制的状态转移图如图 6-5 所示。

初始状态是状态转移的起点，也就是预备阶段。一个完整的状态转移图必须要有初始状态。图 6-5 中，S0 是初始状态，用双线框表示。其他的状态用单线框表示。

状态图中，输入/输出信号都是可编程控制器的输入/输出继电器的动作，因此，画状态图前，应根据控制系统的需要，分配 PLC 的输入/输出（I/O）点。

星—三角降压启动控制的 PLC I/O 分配见表 6-2。

表 6-2　　　　Y—△降压启动控制的 I/O 分配

元件名称	符号	作用
按钮 1	I0.1	启动
按钮 2	I0.2	停止
热继电器	I0.3	过载保护
接触器 1	Q0.1	主控
接触器 2	Q0.2	星形运行
接触器 3	Q0.3	三角形运行
定时器	T1	定时

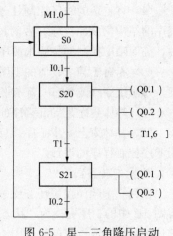

图 6-5　星—三角降压启动
控制的状态转移图

根据上述输入、输出点的定义，对图 6-5 说明如下：利用 PLC 初始化脉冲 M1.0，进入初始状态 S0.0；按下启动按钮 I0.1，进入星形启动状态 S2.0，驱动主控接触器 Q0.1、星形运行接触器 Q0.2，使电动机线圈接成星形启动运行，同时驱动定时器 T1 定时 6s；定时时间到，T1 动作，进入三角形运行状态 S2.1，S2.0 自动复位，驱动主控接触器 Q0.1、三角形运行接触器 Q0.3，使电动机线圈接成三角形运行；按下停止按钮，系统回到初始状态 S0。

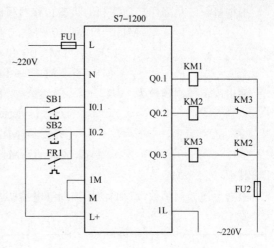

图 6-6　PLC 输入/输出接线

三、步进顺序控制程序设计

1. PLC 输入/输出接线图

PLC 输入/输出接线如图 6-6 所示。

2. 设计 PLC 控制程序

PLC 软元件分配见表 6-3。

表 6-3　　　　　　　　　　　　　　PLC 软元件分配

元件名称	符号	软元件	作用
初始脉冲	TP0	M1.0	初始化
状态 0	S0	M4.0	初始状态
状态 20	S20	M4.1	星形启动
状态 21	S21	M4.2	三角形运行
定时器	T1	DB1	定时

步进顺序控制程序有辅助继电器步进设计法和顺序功能图步进设计法两种设计方法。辅助继电器步进设计法是一种系统化的设计方法，它有一套完整方法和步骤。它简单易学，设计周期短，规律性强，克服了经验法的试探性和随意性。

辅助继电器步进设计法的具体步骤如下。

（1）仔细分析控制要求，将每一个控制要求细化为若干个独立的不可再分的状态，按照动作的先后顺序，将状态一一串在一起，形成工作流程。

（2）程序的结构分为辅助继电器控制部分和结果输出两部分，辅助继电器部分控制状态的顺序，程序输出由相应状态的辅助继电器驱动输出继电器组成。

辅助继电器步进设计法具有下述优点：①系统化设计，思路清晰、明确；②结构化设计，将梯形图分为辅助继电器状态控制和结果输出两部分，结构层次分明，可读性好；③每个状态的梯形图相似，便于检查、修改和调试；④简单易学，设计时间短，实用性强。

辅助继电器控制工序部分依据启停控制函数设计。

根据星—三角降压启动控制的状态转移图，找出状态继电器控制进入、退出条件，写出状态继电器的控制函数表达式。

状态 S0 的进入条件是初始化脉冲 M1.0 或在状态 S21 时按下停止按钮，退出条件是 S20 被激活。

状态 S20 的进入条件是在状态 S0 时按下启动按钮，退出条件是 S21 被激活。

状态 S21 的进入条件是在状态 S20 时 T1 定时时间到，退出条件是 S20 被激活。

根据星—三角降压启动控制的状态转移图写出状态继电器逻辑控制函数为

$$M4.0 = (M1.0 + M4.0 + M4.2 \cdot I0.2) \cdot \overline{M4.1}$$
$$M4.1 = (M4.0 \cdot I0.1 + M4.1) \cdot \overline{M4.2}$$
$$M4.2 = (M4.1 \cdot T1 + M4.2) \cdot \overline{M4.1}$$

输出逻辑控制函数为

$$Q0.1 = M4.1 + M4.2$$
$$Q0.2 = M4.1 \cdot \overline{Q0.3}$$
$$Q0.3 = M4.2 \cdot \overline{Q0.2}$$

其中，$T1 = M4.1$。

根据上述控制函数编写的使用辅助继电器的步进控制梯形图程序如图 6-7 所示。

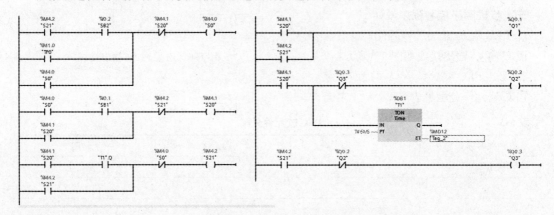

图 6-7 使用辅助继电器的步进控制梯形图程序

 技能训练

一、训练目标

（1）能够正确设计三相交流异步电动机的星—三角（Y—△）降压启动控制的 PLC 程序。

（2）能正确输入和传输 PLC 控制程序。

（3）能够独立完成三相交流异步电动机的星—三角（Y—△）降压启动控制线路的安装。

（4）按规定进行通电调试，出现故障时，应能根据设计要求进行检修，并使系统正常工作。

二、训练步骤与内容

1. 输入 PLC 程序

（1）软元件分配。PLC 软元件分配见表 6-4。

表 6-4   PLC 软元件分配

元件名称	软元件	作用
按钮 1	I0.1	启动
按钮 2	I0.2	停止
接触器 1	Q0.1	主控
接触器 2	Q0.2	星形运行
接触器 3	Q0.3	三角形运行
定时器	T1	定时
状态 0	S0	初始状态
状态 1	S20	星形运行状态
状态 2	S21	三角运行状态

（2）PLC 步进顺序控制分析。

1）状态转移分析。

a. 进入初始状态 S0 的条件：在状态 S21 时按下停止按钮 I02 或热继电器 I0.3 动作，或者初始化脉冲 M1.0 出现。

b. 退出初始状态 S0 的条件：在状态 S0 时按下启动按钮，进入 S20 状态。

c. 进入星形运行状态 S20 的条件：在初始状态 S00 时按下启动按钮 I0.1。

d. 退出星形运行状态 S20 的条件：定时器 T1 定时时间到，进入 S21 状态。

e. 进入三角形运行状态 S21 的条件：在星形运行状态 S20 时定时器 T1 定时时间到。

f. 退出三角形运行状态 S21 的条件：按下停止按钮 I0.2，返回 S0 状态。

2）驱动分析。

a. 定时器 T1 在 S20 状态时定时。

b. 接触器 Q0.1 在 S20、S21 两状态被驱动。

c. 接触器 Q0.2 仅在 S20 状态被驱动。

d. 接触器 Q0.3 仅在 S21 状态被驱动。

（3）画出 PLC 梯形图。根据状态转移图和驱动函数可以画出 PLC 梯形图。

（4）输入图 6-8 所示的初始状态 S0 控制程序。

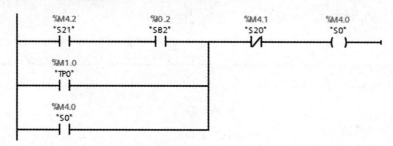

图 6-8　初始状态 S0 控制程序

（5）输入图 6-9 所示的星形运行状态 S20 控制程序。

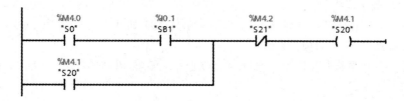

图 6-9　状态 S20 控制程序

（6）输入图 6-10 所示的三角星形运行状态 S21 控制程序。

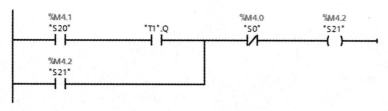

图 6-10　状态 S21 控制程序

（7）输入图 6-11 所示的定时器 T1 和接触器 Q0.2 的控制程序。

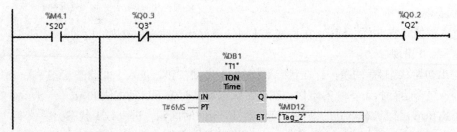

图 6-11　定时器 T1 和接触器 Q0.2 的控制程序

（8）输入图 6-12 所示的主控接触器 Q0.1 控制程序。

图 6-12　主控接触器 Q0.1 控制程序

（9）输入如图 6-13 所示的接触器 Q0.3 控制程序。

图 6-13　接触器 Q0.3 控制程序

2. 系统安装与调试

（1）主电路按图 6-1 所示接线。

（2）PLC 按图 6-6 所示接线。

（3）将 PLC 控制程序下载到 PLC。

（4）使 PLC 处于连线运行状态。

（5）按下启动按钮 SB1，观察状态元件 S0、S20、S21 的状态，观察 PLC 的输出点 Q0.1、Q0.2，观察电动机的星形启动运行状况。

（6）等待 6s，观察状态元件 S0、S20、S21 的状态，观察 PLC 的输出点 Q0.1、Q0.3，观察电动机的三角形运行状况。

（7）按下停止按钮，观察状态元件 S0、S20、S21 的状态，观察 PLC 的输出点 Q0.1、Q0.2、Q0.3，观察电动机是否停止。

任务 10　简 易 机 械 手 控 制

　基础知识

一、任务分析

1. 控制要求

简易机械手由气动爪、水平移动机械手、垂直移动机械手、阀岛（位于左边机械手支架后

面）、水平移动限位开关、垂直限位开关等组成，控制部分由 S7-1200 系列 PLC、电源模块、按钮模块等组成。图 6-14 所示为简易机械手外观。

机械手的原点位置有 3 个，分别是：①垂直移动机械手在垂直方向处于上端极限位；②水平机械手处于右端极限位；③气动爪处于放松状态。

控制要求如下。

（1）按下停止按钮，机械手停止。

（2）停止状态下按下回原点按钮，机械手回原点。

（3）回原点结束后按下启动按钮，垂直移动机械手下移，到位后，夹紧工件，垂直移动机械手上移；上移到位，水平移动机械手左

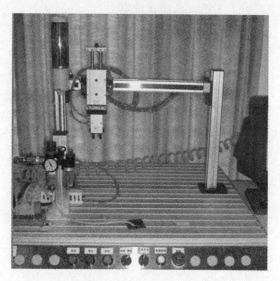

图 6-14　简易机械手外观

移；左移到位，垂直移动机械手下降；下降到位，放松工件，垂直移动机械手上升；上升到位后，水平移动机械手右移，右移到位，完成一次单循环。

（4）如果是自动循环运行，以上流程结束后，再自动重复步骤（3）。

2. 自动运行的状态转移图

PLC 输入/输出（I/O）分配见表 6-5，其他软元件分配见表 6-6。

表 6-5　　　　　　　　　　　　PLC 的 I/O 分配

元件名称	软元件	作用
按钮 1	I0.1	启动按钮
按钮 2	I0.2	停止按钮
按钮 3	I0.3	回原位按钮
开关 1	I0.4	选择开关
开关 2	I0.5	下限位
开关 3	I0.6	上限位
开关 4	I0.7	右限位
开关 5	I1.0	左限位
指示灯 1	Q0.1	绿灯
指示灯 2	Q0.2	红灯
电磁阀 1	Q0.3	右移
电磁阀 2	Q0.4	左移
电磁阀 3	Q0.5	下降
电磁阀 4	Q0.6	上升
电磁阀 5	Q0.7	夹紧

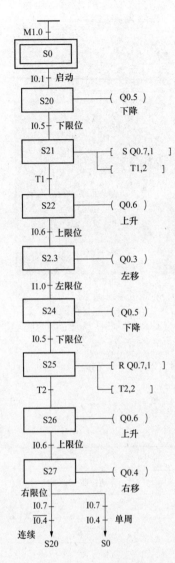

图 6-15 自动运行的状态转移图

表 6-6　　　　　　　　其他软元件分配

元件名称	软元件	作用
状态 0	S0	初始
状态 1	S1	回原点
状态 20	S20	下降
状态 21	S21	夹紧
状态 22	S22	上升
状态 23	S23	左移
状态 24	S24	下降
状态 25	S25	放松
状态 26	S26	上升
状态 27	S27	右移

自动运行的状态转移图如图 6-15 所示。

二、用 PLC 控制简易机械手

1. 用置位、复位指令实现的状态转移控制

进入状态、状态转移使用置位指令，退出状态使用复位指令。

用置位、复位指令实现的状态转移控制的 3 步操作如下。

（1）应用复位指令复位上一步状态。

（2）应用输出驱动指令驱动输出。

（3）转移条件满足时，应用置位指令转移到下一步。

用置位、复位指令实现的步进控制如图 6-16 所示进入状态 S25 时，首先使用复位指令复位上一步状态 S24；接着执行驱动输出指令复位 Q0.7，执行定时器指令 T2 定时 2 秒钟；T2 定时时间到，使用置位指令置位下一步状态，完成状态转移。

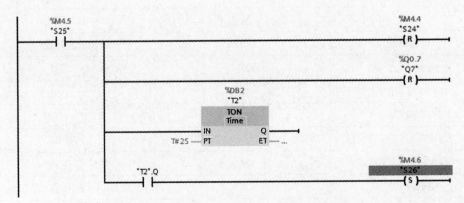

图 6-16　用置位、复位指令实现的步进控制

任务
10

2. 避免双线圈输出

为了避免双线圈驱动，在步进程序中将多个状态要驱动输出的点放到步进程序之外，通过状态继电器驱动步进程序外的输出点。避免双线圈输出的梯形图如图 6-17 所示，在状态 S20、S24 两状态下要驱动输出的点 Q0.5 放到步进程序外，由状态继电器 S20、S24 并联驱动。也可以在状态 S20 中驱动辅助继电器 A，在状态 S24 中驱动辅助继电器 B，在步进程序外，通过辅助继电器 A、B 的触点并联驱动输出点 Q0.5。

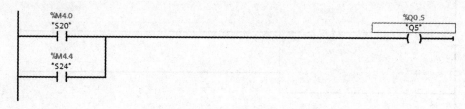

图 6-17　避免双线圈输出的梯形图

 技能训练

一、训练目标

（1）能够正确设计简易机械手控制的 PLC 程序。

（2）能正确输入和传输 PLC 控制程序。

（3）能够独立完成简易机械手控制线路的安装。

（4）按规定进行通电调试，出现故障时，应能根据设计要求进行检修，并使系统正常工作。

二、训练步骤与内容

1. 设计 PLC 程序

（1）PLC 输入/输出（I/O）分配。

（2）配置 PLC 状态软元件。

（3）根据控制要求，画出机械手自动运行状态转移图。

（4）设计回原点程序。

（5）设计停止复位程序。

2. 输入 PLC 程序

（1）输入如图 6-18 所示的回原点程序。

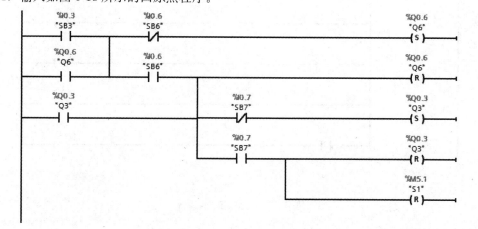

图 6-18　回原点程序

93

（2）输入如图 6-19 所示的复位控制程序。

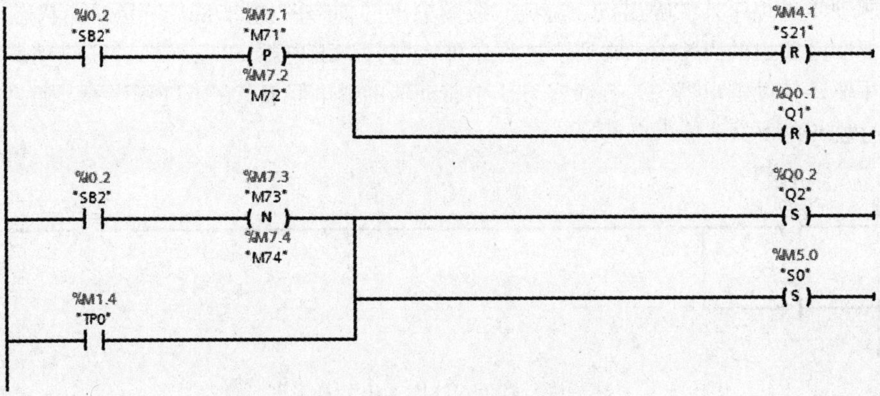

图 6-19　复位控制程序

（3）输入如图 6-20 所示的状态 S0 的程序。

图 6-20　状态 S0 的程序

（4）输入如图 6-21 所示的状态 S20 的程序。

图 6-21　状态 S20 的程序

（5）输入如图 6-22 所示的状态 S21 的程序。

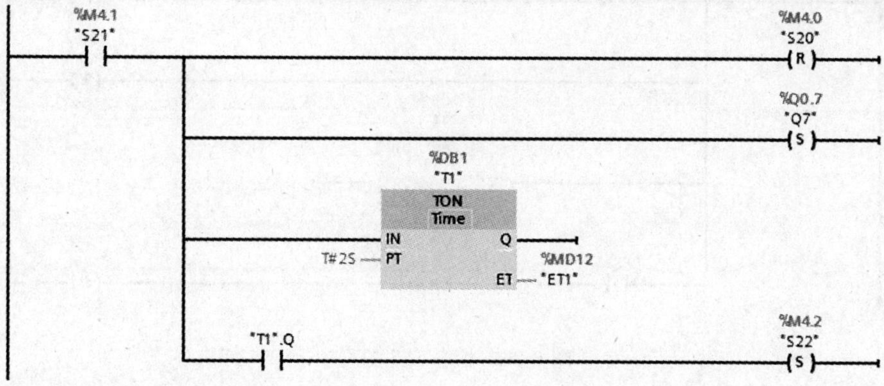

图 6-22　状态 S21 的程序

（6）输入如图 6-23 所示的状态 S22 的程序。

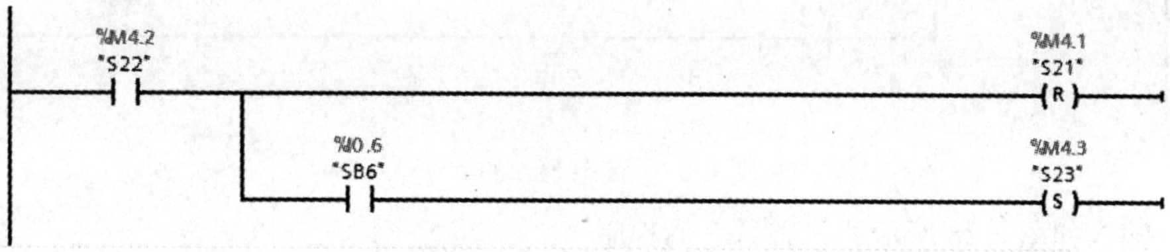

图 6-23　状态 S22 的程序

（7）输入如图 6-24 所示的状态 S23 的程序。

图 6-24　状态 S23 的程序

（8）输入如图 6-25 所示的状态 S24 的程序。

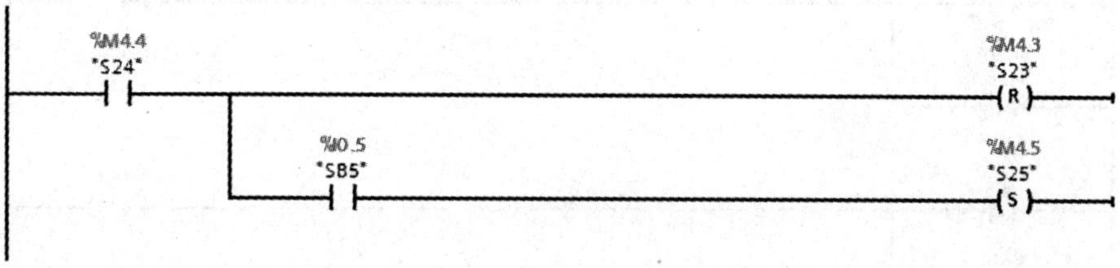

图 6-25　状态 S24 的程序

（9）输入如图 6-26 所示的状态 S25 的程序。

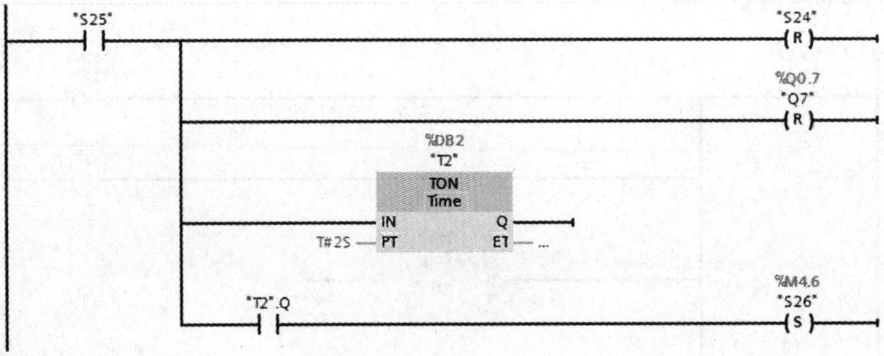

图 6-26　状态 S25 的程序

（10）输入如图 6-27 所示的状态 S26 的程序。

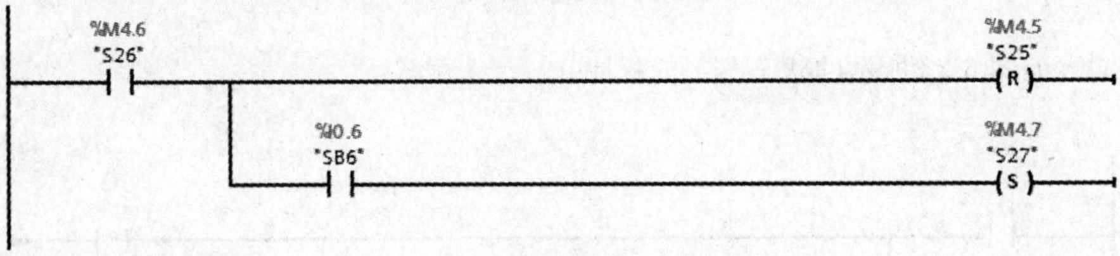

图 6-27　状态 S26 的程序

（11）输入如图 6-28 所示的状态 S27 的程序。

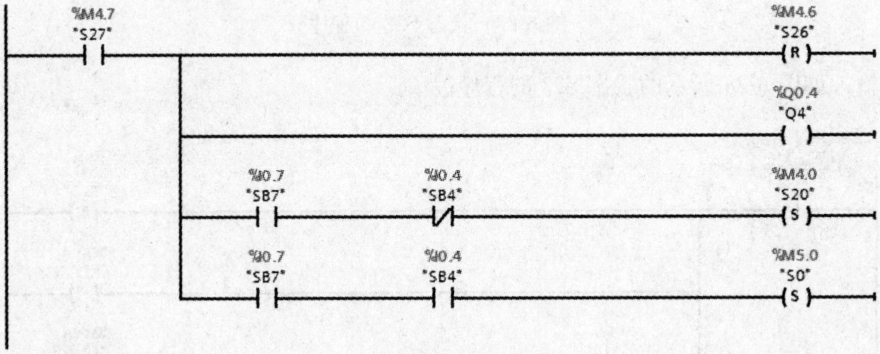

图 6-28　状态 S27 的程序

（12）输入如图 6-29 所示的 Q0.5、Q0.6 的驱动程序。

图 6-29　Q0.5、Q0.6 的驱动程序

3. 系统安装与调试

(1) 根据 PLC 输入、输出端 I/O 分配画出 PLC 接线图。

(2) 按 PLC 接线图接线。

(3) 将 PLC 程序下载到 PLC。

(4) 使 PLC 处于运行状态。

(5) 按下停止按钮，观察状态元件 S20～S27 的状态；观察 PLC 的所有输出点的状态。

(6) 按下回原点按钮，观察机械手回原点的运行过程。

(7) 按下启动按钮 SB1，观察自动运行状态的变化，观察 PLC 的所有输出点的变化。

(8) 切换选择开关 I0.4 为 ON，按下启动按钮，观察单周运行状态变化。

(9) 按下停止按钮，让机械手在任意位置停止。

(10) 按回原点按钮，观察机械手能否回原点。

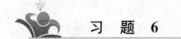

习　题　6

1. 三轴机械手控制

三轴机械手控制由前后移动机械手、水平移动机械手、垂直移动机械手、阀岛、水平移动限位开关、垂直限位开关、气动爪、S7-1200 系列 PLC、电源模块、按钮模块等组成。图 6-30 所示为三轴机械手外观。

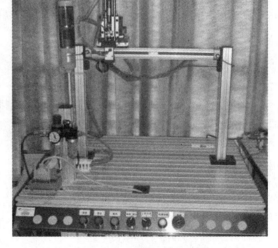

机械手有以下原点位置：①前后移动机械手处于后端极限位；②垂直移动机械手在垂直方向处于下端极限位；③水平移动机械手处于右限位；④气动爪处于放松状态。

控制要求如下。

(1) 按下停止按钮，系统停止。

(2) 停止状态下按下回原点按钮，系统回原点。

(3) 回原点结束后按下启动按钮，前后移动机械手伸出；伸出到位，垂直移动机械手下移；下移到位后夹紧工件，垂直移动机械手上

图 6-30　三轴机械手外观

移；上移到位，前后移动机械手缩回；缩回到位，水平移动机械手左移；左移到位，机械手伸出；伸出到位，垂直移动机械手下降；下降到位，放松工件，垂直移动机械手上升；上升到位后，前后移动机械手缩回；缩回到位，水平移动机械手右移，右移到位，完成一次单循环。

(4) 如果是自动循环运行，以上流程结束后，再自动重复步骤 (3)。

根据上述控制要求，设计 PLC 程序，并上机调试，完成三轴机械手控制任务。

2. 手指旋转机械手控制

手指旋转机械手由前后移动机械手、手指夹持、旋转控制系统、垂直升降移动机械手、阀岛、前后移动限位开关、垂直限位开关、正反转限位开关、气动爪、S7-1200 系列 PLC、电源模块、按钮模块等组成。图 6-31 所示为手指旋转机械手外观。

机械手有以下原点位置：①前后移动机械手处于后端极限位；②垂直移动机械手在垂直方向处于下端极限位；③水平旋转机械手处于反转极限位；④气动爪处于放松状态。

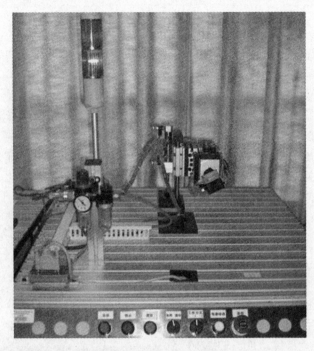

图 6-31　手指旋转机械手

对手指旋转机械手控制要求如下。

（1）按下停止按钮，系统停止。

（2）按下回原点按钮，系统回原点。

（3）回原点结束后按下启动按钮，垂直移动机械手上升；上升到位，水平移动机械手伸出；伸出到位，垂直移动机械手垂直下移；下移到位后夹紧工件，手指正转；正转到位，垂直移动机械手上移；上移到位，水平移动机械手缩回；缩回到位，垂直移动机械手下降；下降到位，手指反转；反转到位，放松工件，完成一次单循环。

（4）如果是自动循环运行，以上流程结束后，再自动重复步骤（3）。

根据上述控制要求，设计 PLC 程序，并上机调试，完成手指旋转机械手控制任务。

任务
10

项目七　交通信号灯控制

学习目标

学会用 PLC 控制交通信号灯。

任务 11　定时控制交通信号灯

基础知识

一、任务分析

1. 控制要求

交通信号灯控制系统示意图如图 7-1 所示。

交通信号灯控制要求如下。

（1）按下启动按钮，交通信号灯控制系统开始周而复始循环工作。

（2）交通信号灯控制系统的时序图如图 7-2 所示。

（3）按下停止按钮系统，停止工作。

2. 控制要求分析

交通信号灯控制系统是一个时间顺序控制系统，可以采用定时器指令进行编程控制。

设置十个定时器控制交通信号灯，定时器 T1～T6 的工作时序如图 7-3 所示。

绿灯 1 闪烁使用定时器 T7、T8 控制。

绿灯 2 闪烁使用定时器 T9、T10 控制。

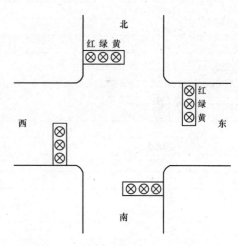

图 7-1　交通信号灯控制系统示意图

图 7-2　交通信号灯控制系统的时序图

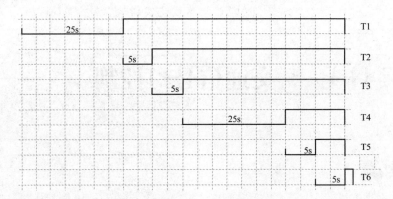

图 7-3   定时器 T1～T6 的工作时序

二、PLC 控制

1. 控制函数

PLC 软元件分配见表 7-1。

表 7-1   PLC 软元件分配

元件名称	软元件	作用
按钮 1	I0.1	启动
按钮 2	I0.2	停止
辅助继电器	M1	系统控制
绿灯 1	Q0.1	绿灯 1 控制
黄灯 1	Q0.2	黄灯 1 控制
红灯 1	Q0.3	红灯 1 控制
绿灯 2	Q0.4	绿灯 2 控制
黄灯 2	Q0.5	黄灯 2 控制
红灯 2	Q0.6	红灯 2 控制
定时器 1	T1	定时
定时器 2	T2	定时
定时器 3	T3	定时
定时器 4	T4	定时
定时器 5	T5	定时
定时器 6	T6	定时
定时器 7	T7	定时
定时器 8	T8	定时
定时器 9	T9	定时
定时器 10	T10	定时

控制函数为

$$M1 = (I0.1 + M1) \cdot \overline{I0.2}$$

$$Q0.1 = M1 \cdot \overline{T1} + T1 \cdot \overline{T2} \cdot T7$$

$$Q0.2 = T2 \cdot \overline{T3}$$

$$Q0.3 = T3$$

$$Q0.4 = T3 \cdot \overline{T4} + T4 \cdot \overline{T5} \cdot T9$$

$$Q0.5 = T5 \cdot \overline{T6}$$

$$Q0.6 = M1 \cdot \overline{T3}$$

2. PLC 接线图

PLC 接线图如图 7-4 所示。

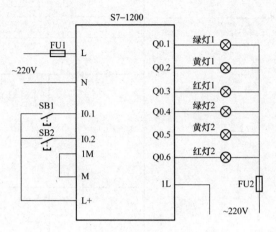

图 7-4 PLC 接线图

 技能训练

一、训练目标

（1）能够正确设计定时控制交通信号灯的 PLC 程序。

（2）能正确输入和传输 PLC 控制程序。

（3）能够独立完成定时控制交通信号灯线路的安装。

（4）按规定进行通电调试，出现故障时，应能根据设计要求进行检修，并使系统正常工作。

二、训练步骤与内容

1. 设计、输入 PLC 程序

（1）PLC 输入/输出（I/O）分配。

（2）配置 PLC 定时器软元件。

（3）输入如图 7-5 所示的系统启停控制程序。

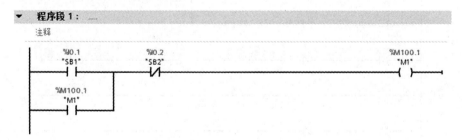

图 7-5 系统启停控制程序

（4）输入如图 7-6 所示的定时器 T1～T10 的控制程序。

1）定时器 T1 的定时控制条件：$M1 \cdot \overline{T6}$。

2）定时器 T2 的定时控制条件：T1。

3）定时器 T3 的定时控制条件：T2。

4）定时器 T4 的定时控制条件：T3。

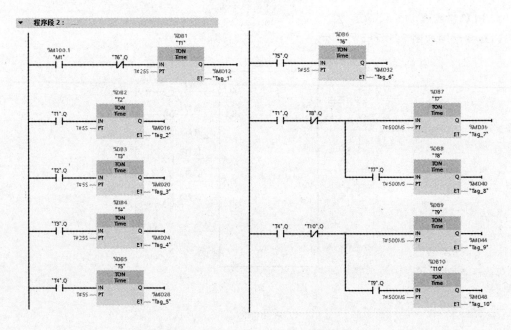

图 7-6　定时器 T1~T10 的控制程序

5）定时器 T5 的定时控制条件：T4。

6）定时器 T6 的定时控制条件：T5。

7）定时器 T7 的定时控制条件：$T1 \cdot \overline{T8}$。

8）定时器 T8 的定时控制条件：$T1 \cdot \overline{T8} \cdot T7$。

9）定时器 T9 的定时控制条件：$T4 \cdot \overline{T10}$。

10）定时器 T50 的定时控制条件：$T4 \cdot \overline{T10} \cdot T9$。

（5）输入如图 7-7 所示的交通信号灯控制程序。

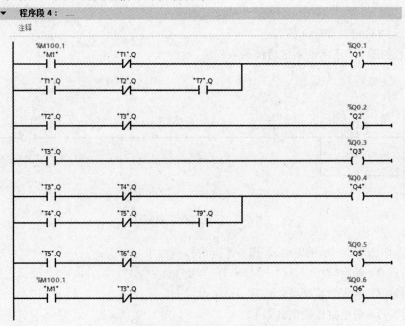

图 7-7　交通信号灯控制程序

1）绿灯1控制函数是：$Q0.1=M1 \cdot \overline{T1}+T1 \cdot \overline{T2} \cdot T7$。

2）黄灯1控制函数是：$Q0.2=T2 \cdot \overline{T3}$。

3）红灯1控制函数是：$Q0.3=T3$。

4）绿灯2控制函数是：$Q0.4=T3 \cdot \overline{T4}+T4 \cdot \overline{T5} \cdot T9$。

5）黄灯2控制函数是：$Q0.5=T5 \cdot \overline{T6}$。

6）红灯2控制函数是：$Q0.6=M1 \cdot \overline{T3}$。

2. 系统安装与调试

（1）PLC按图7-4所示接线。

（2）将PLC程序下载到PLC。

（3）使PLC处于运行状态。

（4）按下启动按钮SB1，观察PLC的输出点Q0.1～Q0.6的状态变化。

（5）观察所有定时器的变化，记录各灯点亮的时间，绿灯闪烁的时间。

（6）按下停止按钮，观察PLC的输出点Q0.1～Q0.6的状态，观察所有定时器的计时值，观察交通灯的变化。

任务12　步进、计数控制交通灯

 基础知识

一、任务分析

1. 控制要求

交通信号灯控制系统示意图见图7-1，控制要求如下。

（1）按下启动按钮，交通信号灯控制系统开始周而复始循环工作。

（2）交通信号灯控制系统的时序图见图7-2。

（3）使用步进顺序控制方法控制交通灯工作。

（4）使用计数器控制绿灯1、绿灯2的闪烁次数。

（5）按下停止按钮，系统停止工作。

2. 控制分析

交通信号灯控制系统是一个时间顺序控制系统，可以采用定时器指令进行编程控制，也可以使用步进顺序控制方法进行控制。

根据控制要求，可以画出如图7-8所示的步进、计数控制状态转移图。

二、S7-1200 用户程序结构

根据实际应用要求，可选择线性结构或模块化结构来创建用户程序。

1. 线性结构

线性结构程序按顺序逐条执行和处理自动化任务的所有指令。

小型自动化任务可在程序循环组织块（OB）中进行线性化编程，它适用于简单程序编程。

2. 模块化结构

将复杂自动化任务分成与过程工艺功能相对应或可重复使用的更小的子任务，易于对这些复杂任务进行处理和管理。这些子任务在用户程序中以块来表示。因此，每个块是用户程序的独立部分。

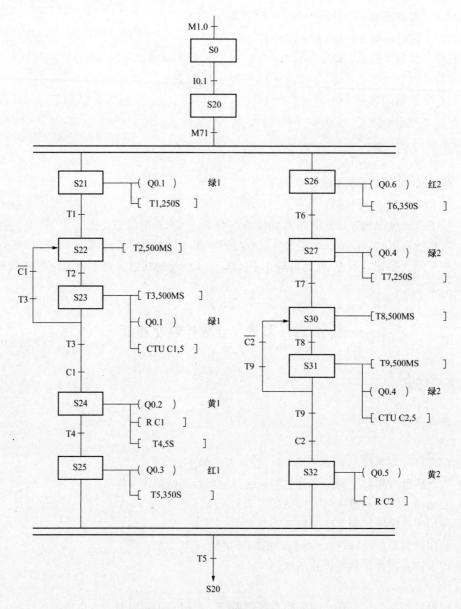

图 7-8 步进、计数控制状态转移图

模块化结构程序，将整个程序分成若干个模块，如图 7-9 所示。每个模块完成单一任务，通过模块的调用完成程序的控制任务。

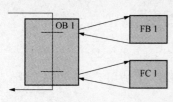

（1）组织块（Organization Block，OB）构成了操作系统和用户程序之间的接口，组织块可以调用其他的模块。组织块由操作系统调用，可以控制下列操作。

1）自动化系统的启动特性。

2）循环程序处理。

图 7-9 模块化结构程序

3）中断驱动的程序执行。

4）错误处理。

（2）函数（Function，FC）是不带存储器的代码块。由于没有可以存储块参数值的数据存储器。因此，调用函数时，必须给所有形参分配实参。

（3）函数块（Function Block，FB）为功能块，功能块是一种代码块，它将值永久地存储在背景数据块中，即使在块执行完后，这些值仍然可用。函数块也称为"有存储器"的块。函数块包含在其他代码块调用该函数块时执行的子程序。可以在程序中的不同位置多次调用同一个函数块。因此，函数块简化了对重复发生的函数的编程。

（4）背景数据块，是与函数块相关的数据块，调用背景数据块存储程序数据时，该背景数据块将分配给函数块。函数块的调用称为实例。实例使用的数据存储在背景数据块中。

（5）全局数据块，是用于存储数据的数据区，任何块都可以使用这些数据。

模块化程序具有下列优点：①通过结构化容易进行大程序编程；②各个程序段都可实现标准化，可通过更改参数反复使用；③程序结构更简单；④更改程序变得更容易；⑤可分别测试程序段，因而可简化程序排错过程；⑥简化了调试。

三、PLC步进顺控

1. 单一序列步进顺控

单一序列步进控制是由一系列连续相继激活的步组成，每一步的后面只有一个转换，每一个转换后面只有一步，没有分支与合并。

2. 选择顺控

在步进控制中存在分支和合并的顺控，称为选择顺控，如图7-10所示。

（1）选择顺控的开始。选择顺控的开始称为选择分支，在一个步下面，存在多个分支，各个分支的执行，依赖分支转换条件。如图7-10中，如果步6为活动步，转换A为1，则跳转到步7执行；转换条件B为1，则跳转到步8执行。

（2）选择顺控的结束。选择顺控的结束，称为选择汇合。如图7-10中，如果步9为活动步，转换C为1，则跳转到步11执行；如果步10为活动步，转换D为1，也跳转到步11执行。

3. 并行顺控

并行顺控表示系统的几个独立部分同时工作的顺控，如图7-11所示。并行序列开始处，称为并行分支。并行序列结束处，称为并行汇合。

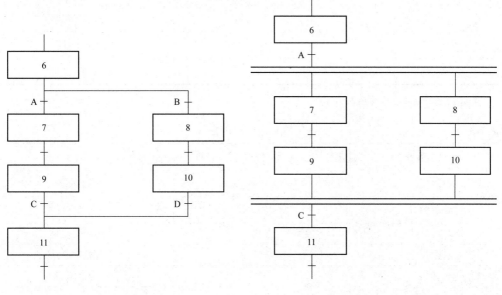

图 7-10　选择顺控　　　　　　　　　　　　　　图 7-11　并行顺控

图 7-11 中，如果步 6 为活动步，转换 A 为 1，则并行步 7、8 执行；如果步 9、10 同时为活动步，转换 C 为 1，则并行汇合到步 11 执行。

4. 复杂顺控

复杂顺控是含有选择顺控和并行顺控组合的多种顺序控制的集合。复杂顺控在选择顺控中含有并行顺序控制，在并行顺控中又含有选择顺控。对于复杂顺控，可以分别依赖选择顺控、并行顺控的程序设计方法，完成复杂顺控程序的设计。

 技能训练

一、训练目标

（1）能够正确设计步进、计数控制交通灯的 PLC 程序。

（2）能正确输入和下载 PLC 控制程序。

（3）能够独立完成步进、计数控制交通灯线路的安装。

（4）按规定进行通电调试，出现故障时，应能根据设计要求进行检修，并使系统正常工作。

二、训练步骤与内容

1. 设计 PLC 程序

（1）PLC 输入/输出（I/O）分配见表 7-2。

表 7-2 PLC 的 I/O 分配

元件名称	软元件	作用
按钮 1	I0.1	启动
按钮 2	I0.2	停止
绿灯 1	Q0.1	绿灯 1 控制
黄灯 1	Q0.2	黄灯 1 控制
红灯 1	Q0.3	红灯 1 控制
绿灯 2	Q0.4	绿灯 2 控制
黄灯 2	Q0.5	黄灯 2 控制
红灯 2	Q0.6	红灯 2 控制

（2）PLC 软元件分配见表 7-3。

表 7-3 PLC 软元件分配

元件名称	符号	作用
初始状态	S0	状态准备
状态 20	S20	自动运行
状态 21	S21	绿灯 1 控制
状态 22	S22	绿灯 1 熄灭
状态 23	S23	绿灯闪烁
状态 24	S24	黄灯 1 控制

续表

元件名称	符号	作用
状态 25	S25	红灯 1 控制
状态 26	S26	红灯 2 控制
状态 27	S27	绿灯 2 控制
状态 30	S30	绿灯 2 熄灭
状态 31	S31	绿灯 2 闪烁
状态 32	S32	黄灯 2 控制
定时器 1	T1	定时
定时器 2	T2	定时
定时器 3	T3	定时
定时器 4	T4	定时
定时器 5	T5	定时
定时器 6	T6	定时
定时器 7	T7	定时
定时器 8	T8	定时
定时器 9	T9	定时
计数器 1	C1	计数
计数器 2	C2	计数

任务 12

（3）根据交通灯的步进、计数控制要求设计交通灯状态转移图。

（4）根据交通灯状态转移图画出 PLC 梯形图。

2. 输入 PLC 程序

（1）输入如图 7-12 所示的并行分支程序。当 S20 为活动步，且 M71 为 1 状态，同时激活步 S21 和步 S26 两个并行分支。

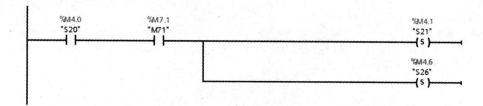

图 7-12　并行分支程序

（2）输入如图 7-13 所示的并行汇合程序。当 S25、S32 同时为活动步，且 T5 定时时间到，并行汇合，激活步 S20。

（3）仔细查看交通灯控制的步进状态转移图，应用置位、复位指令，根据步进状态转移图写

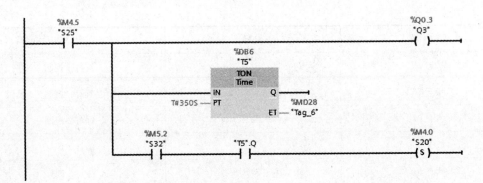

图 7-13　并行汇合程序

出程序，这是 PLC 程序设计的一项重要技能。

3. 系统安装与调试

（1）PLC 按图 7-4 所示接线。

（2）初始化脉冲 M1.0 可以通过添加启动模块，在启动模块驱动 M1.0 实现。

（3）将交通灯控制程序下载到 PLC。

（4）使 PLC 处于运行状态。

（5）按下启动按钮 SB1，观察 PLC 的输出点 Q0.1～Q0.6 的状态变化。

（6）观察所有定时器的变化，记录各灯点亮的时间，绿灯闪烁的时间、闪烁次数。

（7）按下停止按钮，观察 PLC 的输出点 Q0.1～Q0.6 的状态，观察所有定时器的计时值，观察交通灯的变化。

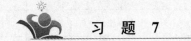

习 题 7

1. 城市交通信号灯如图 7-14 所示，其控制时序图如图 7-15 所示，根据该控制时序要求，设计城市交通信号灯的自动运行步进状态转移图。

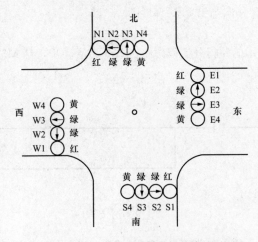

图 7-14　城市交通信号灯示意图

2. 使用 S7-1200 系列的 PLC 实现城市交通信号灯控制，根据城市交通信号灯自动运行的步进状态转移图写出城市交通信号灯控制的指令语句表程序。

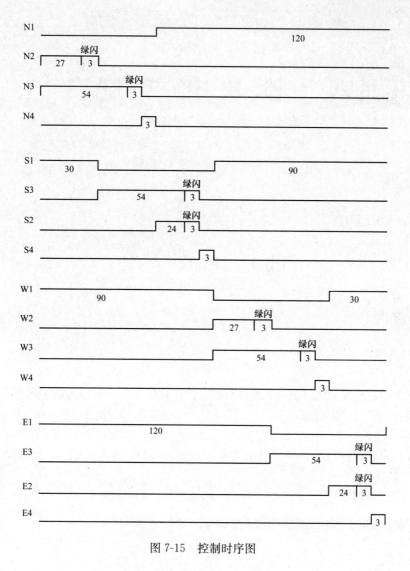

图 7-15　控制时序图

3. 使用矩形 V80 系列的 PLC 实现城市交通信号灯控制，设计梯形图控制程序。

项目八　模 块 化 控 制

学习目标

学会设计模块化程序

任务 13　函　数　控　制

基础知识

一、函数与调用

1. 函数

S7-1200 的用户程序由代码块和数据块组成，代码块包括组织块、函数和函数块，数据块包括背景数据块和全局数据块。

函数（Function，FC）和函数块（Function Block，FB）是用户编写的子程序，它们完成特定的任务，FC 和 FB 有与其调用它的块共享输入、输出参数，执行完 FC 和 FB 后，将结果返回给调用它的代码块。

TIA 博途软件将 Function 和 Function Block 翻译为功能和功能块。

2. 生成函数

启动 TIA 博途软件，创建一个项目"函数和函数块应用"。

双击新项目中的"添加新设备"，添加一个"CP1214CAC/DC/Rly"的 PLC。

打开项目视图中的文件夹"PLC_1\程序块"，双击"添加新块"打开"添加新块"对话框，如图 8-1 所示。单击 FC 函数按钮，FC 默认编号为 1，默认编程语言为 LAD 梯形图，设置函数名为"计算压力"。单击"确定"按钮，在项目树的文件夹可以看到新生成的 FC1。

右击 FC1，在弹出的菜单

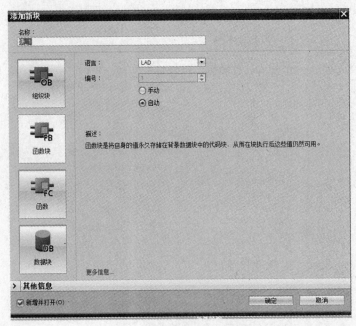

图 8-1　"添加新块"对话框

中选择"重命名",将模块名改为"计算压力"。

3. 生成函数的局部数据

将鼠标光标放在最上面标有块接口的水平条上,按住左键下拉分隔条,分隔条上面是函数接口,下面是程序区,如图8-2所示。

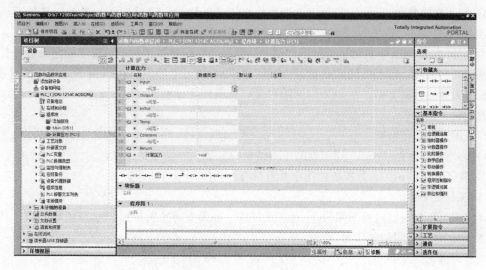

图8-2 函数接口与程序区

在接口区生成的局部变量,它可在所在的模块使用。

在input下面的名称列表的增加栏,输入参数"输入数据",单击"数据类型"列右侧的下拉列表箭头,选择数据类型为Int(16位整数)。

用类似方法,生成输入参数"量程上限"、输出参数(Output)"压力值"和临时数据(Temp)"中间变量"。

右击FC1,选择弹出的快捷菜单中的"属性",打开"属性"对话框,单击左侧的"属性",用复选框取消默认的属性"块的优化访问",单击确定按钮。

单击"编辑"→"编译",成功编译后的FC1的接口区出现"偏移量"列。

只有临时数据才有偏移量,在编译时,程序编辑器会自动为临时变量指定偏移量,如图8-3

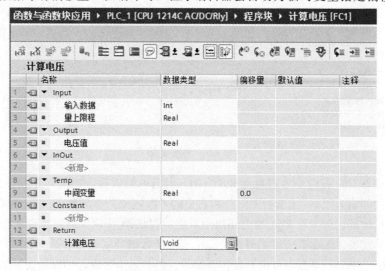

图8-3 偏移量

所示。

（1）函数各局部变量的作用。

1）输入参数 Input：用于接收调用它的主调模块提供的输入数据。

2）输出参数 Output：用于将函数模块的程序执行结果返回主调模块。

3）输入输出参数 InOut：初值由主调模块提供，函数执行结果用同一参数将其值返回主调模块。

4）文件夹 Return 中自动生成的返回值"计算压力"与函数名相同，属于输出参数，其值返回给调用它的模块。返回值的默认值是 Void，表示函数无返回值。在调用 FC1 时，看不到它，如果设置为其他数据类型，在 FC1 内部编程时，可以使用该输出变量。调用 FC1 时，可以在其右边看到它，说明它是输出参数。

（2）函数的局部数据。

1）临时局部数据 Temp：用于存储中间结果的变量。

2）常量 Constant：函数模块使用中并且带有声明的符号名的常数。

4. FC1 程序设计

设模拟电压变送器量程下限为 0，上限为 HV，经模数转换后得到 0～27648 的整数，转换显示数 N 与电压 U 之间的关系为

$$U = (H \cdot N)/32768 \quad (V)$$

用函数 FC1 实现运算，首先通过转换指令将输入数据转换为实数数据，通过中间变量输出，再通过乘法指令 MUL 将转换指令输出值与量程上限相乘，最后通过除法指令 DIV 将乘法指令的输出结果除以 27648，输出结果送给电压值变量。FC1 程序如图 8-4 所示。

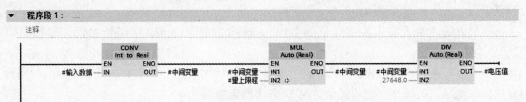

图 8-4　FC1 程序

5. 在组织块中调用 FC1

在变量表中增加 3 个局部变量，如图 8-5 所示。IW64 是模拟输入通道 0 的地址。

		名称	数据类型	地址	保持	可从…	从 H…	在 H…	注释
1		电压转换值	Int	%IW64		☑	☑	☑	
2		电压计算值	Real	%MD36		☑	☑	☑	
3		电压计算	Bool	%I0.3		☑	☑	☑	

图 8-5　局部变量

将项目树中的 FC1 拖放到常开触点 I0.3（电压计算）的后面，调用 FC1 程序如图 8-6 所示。

FC1 左边的"输入数据""量程上限"和右边的"电压值"是函数 FC1 的形式参数，简称形参，位于方框的内部，形参在 FC1 的内部使用，别的模块调用 FC1 时，需要为每个形参指定实际的参数，简称实参。实参在方框的外面。每个实参的数据类型应与其对应的形参保持一致。

输出 Output、InOut 参数不可用常数作实参，它们必须用变量，可以是变量地址。

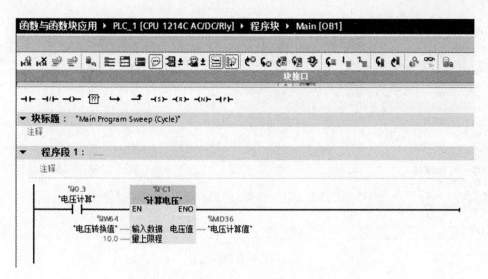

图 8-6 调用 FC1

6. 为块 FC1 设置密码保护

右击项目树的 FC1，在弹出的菜单中，选择"专有技术保护"菜单命令，弹出"专有技术保护"对话框，单击"定义"按钮，弹出"定义密码"对话框，在"新密码"对话框和"确认密码"对话框中分别输入密码值，两次单击确认按钮，完成 FC1 的密码保护设置。

设有密码保护的 FC，双击打开时，必须输入正确的密码，才可看到它内部的程序。

二、函数块与调用

1. 函数块

FB 函数块是用户编写的带有自己存储区（背景数据块）的代码块。

调用函数块时，需要指定一个背景数据块。背景数据块在调用时打开，调用结束时关闭。

函数块的输入输出参数和静态变量，用指定的背景数据块保存，函数块执行完，背景数据块的数据不丢失。

2. 生成函数块

打开项目视图中的文件夹"PLC_1 \ 程序块"，双击"添加新块"，打开"添加新块"对话框。单击函数块按钮，FB 默认编号为 1，默认编程语言为 LAD 梯形图，设置函数名为"电机控制"。单击"确定"按钮，在项目树的文件夹可以看到新生成的 FB1。

右键单击 FB1，选择执行弹出的快捷菜单中的属性，打开属性对话框，单击左侧的"属性"，用复选框取消默认的属性"块的优化访问"，单击确定按钮。

3. 设置函数块的局部变量

打开 FB1，将鼠标光标放在最上面标有 FB 块接口的水平条上，按住左键下拉分隔条，分隔条上面是函数接口，下面是程序区。

配置局部变量如图 8-7 所示。

IEC 定时器、计数器实际上是函数块，方框上面是它的背景数据块。在 FB 中，IEC 定时器、计数器的背景数据块如果是一个固定的数据块，在同时多次调用时，该数据块被同时用于多处，程序运行时会出错。解决重复使用问题的方法是在设置局部变量时，将定时器的数据类型设置为 IEC_TIMER 的静态变量。不同的定时器具有不同的背景数据存储区。

任务 13

电机控制									
	名称	数据类型	偏移量	默认值	可从 HMI/...	从 H...	在 HMI ...	设定值
1	▼ Input					☑			
2	启动	Bool	0.0	false	☑	☑	☑	☐
3	停止	Bool	0.1	false	☑	☑	☑	☐
4	定时时间	Time	2.0	T#0ms	☑	☑	☑	☐
5	▼ Output					☐			
6	继电器	Bool	6.0	false	☑	☑	☑	☐
7	▼ InOut					☐			
8	电动机	Bool	8.0	false	☑	☑	☑	☐
9	▼ Static					☐			
10	▶ 定时器DB	IEC_TIMER	10.0		☑	☑	☑	☐
11	▼ Temp					☐			
12	<新增>					☐			
13	▼ Constant					☐			
14	<新增>					☐			

图 8-7   配置局部变量

4. FB1 控制程序

（1）FB1 控制要求。用输入参数"启动"和"停止"控制 InOut 参数"电动机"。按下停止按钮，断开延时定时器开始定时，输出参数"继电器"动作为 1 状态，经过延时参数"定时时间"后，继电器输出为 0 状态。

（2）FB1 控制程序。FB1 控制程序如图 8-8 所示。

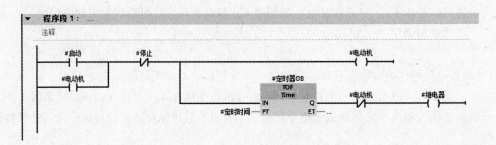

图 8-8   FB1 控制程序

5. 在 OB1 中调用 FB1

在 PLC 变量表中，设置调用 FB1 的符号地址，如图 8-9 所示。

PLC 变量									
	名称	变量表	数据类型	地址	保持	可从 ...	从 H...	在 H...	注释
1	电压转换值	默认变量表	Int	%IW64	☐	☑	☑	☑	
2	电压计算值	默认变量表	Real	%MD36	☐	☑	☑	☑	
3	电压计算	默认变量表	Bool	%I0.3	☐	☑	☑	☑	
4	启动1	默认变量表	Bool	%I0.0	☐	☑	☑	☑	
5	停止1	默认变量表	Bool	%I0.1	☐	☑	☑	☑	
6	电机1	默认变量表	Bool	%Q0.0	☐	☑	☑	☑	
7	继电器1	默认变量表	Bool	%Q0.1	☐	☑	☑	☑	
8	启动2	默认变量表	Bool	%I0.4	☐	☑	☑	☑	
9	停止2	默认变量表	Bool	%I0.5	☐	☑	☑	☑	
10	电机2	默认变量表	Bool	%Q0.2	☐	☑	☑	☑	
11	继电器2	默认变量表	Bool	%Q0.3	☐	☑	☑	☑	
12	<添加>				☐	☑	☑	☑	

图 8-9   在变量表中设置调用 FB1 的符号地址

将项目树中的 FB1 拖放到 OB1 的水平导线上，FB1 应用程序如图 8-10 所示。

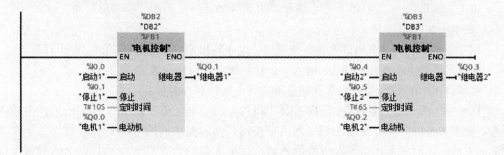

图 8-10 FB1 应用程序

在出现的调用选项对话框中，输入背景数据块的名称，单击"确认"按钮，自动生成 FB1 的背景数据块。为各形参指定实参，然后在变量表中修改自动生成的符号的名称。

 技能训练

一、训练目标

（1）能够正确设计函数控制的 PLC 程序。

（2）能够正确设计函数块控制的 PLC 程序。

（3）能正确输入和下载 PLC 控制程序。

（4）能够独立完成 PLC 控制线路的安装。

（5）按规定进行通电调试，出现故障时，应能根据设计要求进行检修，并使系统正常工作。

二、训练步骤与内容

1. 设计函数控制 PLC 程序

（1）函数控制要求。

1）模拟输入电压范围：0～10V。

2）通过模数转换后的数字量范围：0～27648。

3）设计函数控制程序，实现电压计算功能。

（2）添加新块 FC1。

1）启动 TIA 博途软件，创建一个项目"函数应用"。

2）双击新项目中的"添加新设备"，添加一个"CP1214CAC/DC/Rly"的 PLC。

3）打开项目视图中的文件夹"PLC_1\程序块"，双击"添加新块"，打开"添加新块"对话框。单击 FC 函数按钮，FC 默认编号为 1，默认编程语言为 LAD 梯形图，设置函数名为"计算电压"。单击"确定"按钮，在项目树的文件夹可以看到新生成的 FC1。

（3）生成函数的局部数据。

1）将鼠标光标放在最上面标有块接口的水平条上，按住左键下拉分隔条，分隔条上面是函数接口，下面是程序区。在函数接口区生成的局部变量，它可在所在的模块使用。

2）在 input 下面的名称列表的增加栏，输入参数"输入数据"，单击"数据类型"列右侧的下拉列表箭头，选择数据类型为 Int（16 位整数）。

3）用类似方法，生成输入参数（Input）"量程上限"、输出参数（Output）"电压值"和临时数据（Temp）"中间变量"。

4）右键单击 FC1，选择弹出的快捷菜单中的"属性"，打开"属性"对话框，单击左侧的

"属性"，用复选框取消默认的属性"块的优化访问"，单击"确定"按钮。

5）单击"编辑"→"编译"，成功编译后的 FC1 的接口区出现"偏移量"列。

（4）在组织块中调用 FC1。

1）在变量表中增加 3 个局部变量，分别为"电压转换值""电压计算值""电压计算"。

2）单击常开触点，在程序段 1，输入一个常开触点，地址设置为 I0.3。

3）将项目树中的 FC1 拖放到常开触点 I0.3（电压计算）的后面，调用 FC1。

4）FC1 左边的"输入数据""量程上限"和右边的"电压值"是函数 FC1 的形式参数，简称形参，位于方框的内部，形参在 FC1 的内部使用，别的模块调用 FC1 时，需要为每个形参指定实际的参数，简称实参。实参在方框的外面。每个实参的数据类型应与其对应的形参保持一致。为形参"输入数据""量程上限"分别配置实参"电压转换值""10"，为输出形参配置实参"电压值"。

（5）调试。

1）选择项目树的 PLC_1，将组态数据和用户程序下载到 PLC。

2）将 PLC 切换到运行模式。

3）在 PLC 的模拟输入通道 0 的输入端输入一个小于 10V 的模拟电压，用程序功能监视 FC1 或 OB1 的程序。

4）调节通道 0 输入端的电压大小，观察 MD36 的计算电压值的数据变化，看是否与理论计算值一致。

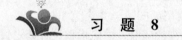

习　题　8

1. 设计两台电机顺序延时启动的 FB 函数块，在 OB1 中调用 FB，将程序下载到 PLC，实际检验控制功能。

2. 设计一个计算平均值的函数 FC，在 OB1 中调用 FC，将程序下载到 PLC，进行验证。

项目九 电梯控制

学习目标

学会用 PLC 控制电梯。

任务14 三层电梯控制

一、任务分析

1. 控制要求

（1）当电梯停于一层或二层时，如果按 3AX 按钮呼叫，则电梯上升到三层，由行程开关 3LS 停止。

（2）当电梯停于三层或二层时，如果按 1AS 按钮呼叫，则电梯下降到一层，由行程开关 1LS 停止。

（3）当电梯停于一层时，如果按 2AS 按钮呼叫，则电梯上升到二层，由行程开关 2LS 停止。

（4）当电梯停于三层时，如果按 2AX 按钮呼叫，则电梯下降到二层，由行程开关 2LS 停止。

（5）当电梯停于一层时，如果按 2AS、3AX 按钮呼叫，则电梯先上升到二层，由行程开关 2LS 暂停 3s，继续上升到三层，由 3LS 停止。

（6）当电梯停于三层时，如果按 2AX、1AS 按钮呼叫，则电梯先下降到二层，由行程开关 2LS 暂停 3s，继续下降到一层，由 1LS 停止。

（7）电梯上升途中，任何反方向的下降按钮呼叫无效；电梯下降途中，任何反方向的上升按钮呼叫无效。

2. 逻辑控制设计法

逻辑控制设计法就是应用逻辑代数以逻辑控制组合的方法和形式设计 PLC 电气控制系统。

对于任何一个电气控制线路，线路的接通或断开，都是通过继电器的触点来实现的，故电气控制线路的各种功能必定取决于这些触点的断开、闭合两种逻辑控制状态。因此，电气控制线路从本质上来说是一种逻辑控制线路，它可用逻辑代数来表示。

PLC 的梯形图程序的基本形式也是逻辑运算与、或、非的逻辑组合，逻辑代数表达式与梯形图有一一对应关系，可以相互转化。

电路中常开触点用原变量表示，常闭触点用反变量表示。触点串联可用逻辑与表示，触点并联可用逻辑或表示，其他更复杂的电路，可用组合逻辑表示。

对于图 9-1 所示的梯形图，可以写出对应的逻辑控制函数表达式为

$$Q0.1 = (I0.1 + Q0.1) \overline{I0.2}$$

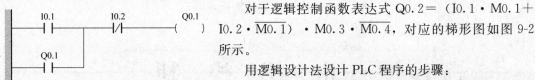

图 9-1　梯形图

对于逻辑控制函数表达式 $Q0.2 = (I0.1 \cdot M0.1 + I0.2 \cdot \overline{M0.1}) \cdot M0.3 \cdot \overline{M0.4}$，对应的梯形图如图 9-2 所示。

用逻辑设计法设计 PLC 程序的步骤：

（1）通过分析控制课题，明确控制任务和要求。

（2）将控制任务、要求转换为逻辑控制课题。

（3）列真值表分析输入、输出关系或直接写出逻辑控制函数。

（4）根据逻辑控制函数画出梯形图。

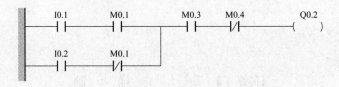

图 9-2　逻辑表达式对应的梯形图

3. 三层电梯控制分析

三层电梯控制输入、输出均为开关量，按控制逻辑 $Y = (QA + Y) \cdot \overline{TA}$ 表达式，分析 QA 进入条件、TA 退出条件，可直接逐条进行逻辑控制设计。

PLC 的输入/输出（I/O）分配见表 9-1。

表 9-1　　　　　　　　　　　　　　　PLC 的 I/O 分配

输　入		输　出	
一层上行呼叫 1AS	I0.1	上行输出	Q0.1
二层上行呼叫 2AS	I0.2	下行输出	Q0.2
二层下行呼叫 2AX	I0.3		
三层呼叫 3AX	I0.4		
一层行程开关 1LS	I1.1		
二层行程开关 2LS	I1.2		
三层行程开关 3LS	I1.3		

（1）当电梯停于一层或二层时，如果按 3AX 按钮呼叫，则电梯上升到三层，由行程开关 3LS 停止。此条逻辑控制中的输出为上升，其进入条件为 3AX 呼叫，且电梯停在一层或二层，用 3LS 表示停的位置，因此，进入条件可以表示为

$$(1LS + 2LS) \cdot 3AX = (I1.1 + I1.2) \cdot I0.4$$

退出条件为 3LS 动作，因此逻辑输出方程为

$$Q0.1 = [(1LS + 2LS) 3AX + Q0.1] \cdot \overline{3LS} = [(I1.1 + I1.2) I0.4 + Q0.1] \cdot \overline{I1.3}$$

（2）当电梯停于三层或二层时，如果按 1AS 按钮呼叫，则电梯下降到一层，由行程开关 1LS 停止。此条逻辑控制中输出为下降，其进入条件为

$$(2LS + 3LS) \cdot 1AS = (I1.2 + I1.3) \cdot I0.1$$

退出条件为 1LS 动作，逻辑输出方程为

$$Q0.2 = [(2LS + 3LS) 1AS + Q0.2] \cdot \overline{1LS} = [(I1.2 + I1.3) I0.1 + Q0.2] \cdot \overline{I1.1}$$

（3）当电梯停于一层时，如果按 2AS 按钮呼叫，则电梯上升到二层，由行程开关 2LS 停止。此条逻辑控制中输出为上升，其进入条件为

$$1LS \cdot 2AS = I1.1 \cdot I0.2$$

退出条件为 2LS 动作，逻辑输出方程为

$$Q0.1 = (1LS \cdot 2AS + Q0.1) \cdot \overline{2LS} = (I1.1 \cdot I0.2 + Q0.1) \cdot \overline{I1.2}$$

（4）当电梯停于三层时，如果按 2AX 按钮呼叫，则电梯下降到二层，由行程开关 2LS 停止。此条逻辑控制中输出为下降，其进入条件为

$$3LS \cdot 2AX = I1.3 \cdot I0.3$$

退出条件为 2LS 动作，逻辑输出方程为

$$Q0.2 = (I1.3 \cdot I0.3 + Q0.2) \cdot \overline{I1.2}$$

（5）当电梯停于一层时，如果按 2AS、3AX 按钮呼叫，则电梯先上升到二层，由行程开关 2LS 暂停 3s，继续上升到三层，由 3LS 停止。此条逻辑控制中输出为上升，为了控制电梯到二层后暂停 3s，要用定时器 T41，其进入条件为

$$1LS \cdot 2AS \cdot 3AX + T41 = I1.1 \cdot I0.1 \cdot I0.4 + T41$$

退出条件为 2LS 或 3LS 动作，逻辑输出方程为

$$Q0.1 = (I1.1 \cdot I0.1 \cdot I0.4 + T41 + Q0.1) \cdot \overline{I1.2 + I1.3}$$
$$= (I1.1 \cdot I0.1 \cdot I0.4 + T41 + Q0.1) \cdot \overline{I1.2} \cdot \overline{I1.3}$$

（6）当电梯停于三层时，如果按 2AX、1AS 按钮呼叫，则电梯先下降到二层，由行程开关 2LS 暂停 3s，继续下降到一层，由 1LS 停止。此条逻辑控制中输出为下降，为了控制电梯到二层后暂停 3s，要用定时器 T42，其进入条件为

$$3LS \cdot 2AX \cdot 1AS + T42 = I1.3 \cdot I0.3 \cdot I0.1 + T42$$

退出条件为 2LS 或 1LS 动作，逻辑输出方程为

$$Q0.2 = (I1.3 \cdot I0.3 \cdot I0.1 + T42 + Q0.2) \cdot \overline{I1.2 + I1.1}$$
$$= (I1.3 \cdot I0.3 \cdot I0.1 + T42 + Q0.2) \cdot \overline{I1.2} \cdot \overline{I1.1}$$

（7）电梯上升途中，任何反方向的下降按钮呼叫无效；电梯下降途中，任何反方向的上升按钮呼叫无效。为了实现电梯上升途中，任何反方向的下降按钮呼叫无效，只需在下降输出方程中串联 Q0.1 的"非"，即实现互锁，当 Q0.1 动作时，不允许 Q0.2 动作。为了在实现电梯下降途中任何反方向的上升按钮呼叫无效控制要求，可以通过在上升输出方程中串联 Q0.2 的"非"来实现。

由于 Q0.1、Q0.2 由多个逻辑表达式实现，画梯形图及编程不方便，使用辅助继电器 M3.1、M3.3、M3.5、M3.7 分别表示第 1、3、5 条控制要求的输出函数和 T41 的控制；使用辅助继电器 M3.2、M3.4、M3.6、M4.0 分别表示第 2、4、6 条控制要求的输出函数和 T42 的控制；上升逻辑控制输出方程整理为

$$M3.1 = \left[(I1.1 + I1.2)I0.4 + M3.1 \right] \cdot \overline{I1.3}$$
$$M3.3 = (I1.1 \cdot I0.2 + M3.3) \cdot \overline{I1.2}$$
$$M3.5 = (I1.1 \cdot I0.2 \cdot I0.4 + T41 + M3.5) \cdot \overline{I1.2} \cdot \overline{I1.3}$$

为了达到电梯上行到二层时暂停 3s 定时时间到可以继续上升的控制要求，M35 应修改为进入优先式设计，控制逻辑按 $Y = QA + Y \cdot \overline{TA}$ 进入优先式表达式进行设计，即

$$M3.5 = I1.1 \cdot I0.2 \cdot I0.4 + T41 + M3.5 \cdot \overline{I1.2} \cdot \overline{I1.3}$$
$$M3.7 = (I1.2 \cdot M3.5 + M3.7) \cdot \overline{T1}$$

其中，T1 = M3.7。逻辑输出方程为

$$Q0.1 = (M3.1 + M3.3 + M3.5) \cdot \overline{Q0.2}$$

下降逻辑输出方程整理如下

$$M3.2 = \left[(I1.2 + I1.3)I0.1 + M3.2 \right] \cdot \overline{I1.1}$$

$$M3.4 = (I1.3 \cdot I0.3 + M3.4) \cdot \overline{I1.2}$$

$$M3.6 = (I1.3 \cdot I0.3 \cdot I0.1 + T42 + M3.6) \cdot \overline{I1.2} \cdot \overline{I1.1}$$

为了达到电梯下行到二层时暂停 3s 定时时间到可以继续下降的控制要求，M46 应修改为进入优先式设计，控制逻辑按 $Y = QA + Y \cdot \overline{TA}$ 进入优先式表达式进行设计，即

$$M3.6 = I1.3 \cdot I0.3 \cdot I0.1 + T42 + M3.6 \cdot \overline{I1.2} \cdot \overline{I1.1}$$

$$M4.0 = (I1.2 \cdot M3.6 + M4.0) \cdot \overline{T2}$$

其中，T2＝M4.0。逻辑输出方程为

$$Q0.2 = (M3.2 + M3.4 + M3.6) \cdot \overline{Q0.1}$$

二、PLC 简易电梯控制

1. PLC 软元件分配

PLC 软元件分配见表 9-2。

表 9-2   PLC 软元件分配

元件名称	PLC 软元件
一层上行呼叫 1AS	I0.1
二层上行呼叫 2AS	I0.2
二层下行呼叫 2AX	I0.3
三层呼叫 3AX	I0.4
一层行程开关 1LS	I1.1
二层行程开关 2LS	I1.2
三层行程开关 3LS	I1.3
上行输出	Q0.1
下行输出	Q0.2
定时器 1	T1
定时器 2	T2

2. PLC 接线图

三层电梯控制 PLC 接线图如图 9-3 所示。

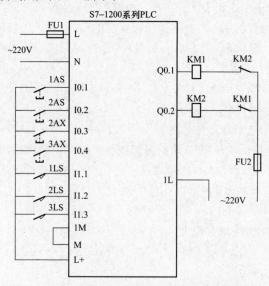

图 9-3   三层电梯控制 PLC 接线图

3. 梯形图

根据逻辑输出方程可画出三层电梯控制梯形图。

（1）电梯上行控制梯形图。电梯上行控制梯形图如图 9-4 所示。

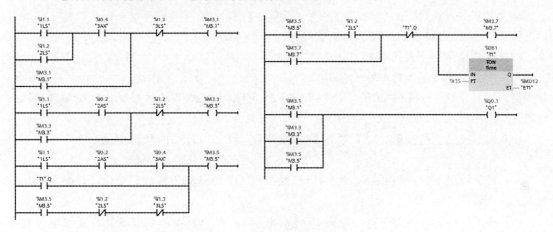

图 9-4 电梯上行控制梯形图

（2）电梯下行控制梯形图。电梯下行控制梯形图如图 9-5 所示。

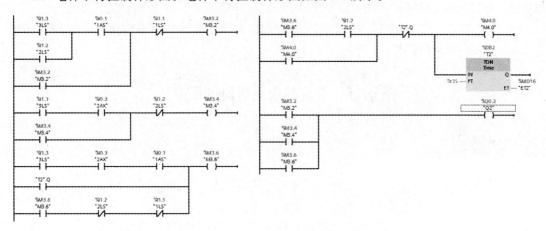

图 9-5 电梯下行控制梯形图

 技能训练

一、训练目标

（1）能够正确设计三层简易电梯控制的 PLC 程序。

（2）能正确输入和传输 PLC 控制程序。

（3）能够独立完成三层简易电梯控制线路的安装。

（4）按规定进行通电调试，出现故障时，应能根据设计要求进行检修，并使系统正常工作。

二、训练步骤与内容

1. 用基本指令设计并输入 PLC 程序

（1）分配 PLC 输入、输出端。

（2）配置 PLC 辅助继电器、定时器软元件。

（3）根据控制要求写出三层简易电梯控制函数。

（4）输入如图 9-4 所示的电梯上行控制梯形图程序。

（5）输入如图 9-5 所示的电梯下行控制梯形图程序。

2. 系统安装与调试

（1）PLC 按图 9-3 所示接线。

（2）将 PLC 程序下载到 PLC。

（3）使 PLC 处于运行状态。

（4）按下二层上行按钮 2AS，观察 PLC 输出点 Q0.1、Q0.2 的状态变化，观察电梯运行状况。

（5）按下三层上行按钮 3AX，观察 PLC 输出点 Q0.1、Q0.2 的状态变化，观察电梯运行状况。

（6）按下二层下行按钮 2AX，观察 PLC 输出点 Q0.1、Q0.2 的状态变化，观察电梯运行状况。

（7）按下一层上行按钮 1AS，观察 PLC 输出点 Q0.1、Q0.2 的状态变化，观察电梯运行状况。

（8）同时按下二层上行按钮 2AS、三层上行按钮 3AX，观察 PLC 输出点 Q0.1、Q0.2 的状态变化，观察电梯运行状况。

（9）同时按下一层下行按钮 1AS、二层下行按钮 2AX，观察 PLC 输出点 Q0.1、Q0.2 的状态变化，观察电梯运行状况。

任务 15　带旋转编码器的电梯控制

 基础知识

一、任务分析

1. 控制要求

（1）当电梯停于一层、二层时，如果用户在三楼按 3AX 下行呼叫按钮，则电梯上升到三层停止。

（2）当电梯停于三层或二层时，如果用户按 1AS 上行呼叫按钮，则电梯下降到一层停止。

（3）当电梯停于一层时，如果用户在二楼按 2AX 下行呼叫或 2AS 上行呼叫按钮，则电梯上升到二层停止。

（4）当电梯停于三层时，如果用户在二楼按 2AX 下行呼叫或 2AS 上行呼叫按钮，则电梯下降到二层停止。

（5）当电梯停于一层时，如果二层、三层同时呼叫，电梯上行至二层停止，延时 T1s 后继续上行至三层停止。

（6）当电梯停于三层时，如果二层、一层同时呼叫，电梯下行至二层停止，延时 T2s 后继续下行至一层停止。

（7）电梯上行时，下行呼叫无效；电梯下行时，上行呼叫无效。

（8）电梯经过各层楼时，电梯轿厢上的位置感应器动作，轿厢位置计数器计数。

（9）电梯轿厢位置通过 LED 数码管显示。

（10）电梯到达指定层楼时，先减速后平层，减速过程中，采用旋转编码器计数，减速脉冲数根据现场平层要求确定。

（11）电梯具有快车速度（变频器对应频率50Hz）、爬行速度（变频器对应频率10Hz），当平层停车信号到来时，控制电梯运行的变频器的频率从10Hz减少到0。

（12）电梯具有上、下行延时启动和电梯运行方向指示。

2. 控制分析

（1）呼叫信号的登记与销号。呼叫信号登记可以采用置位SET指令，到达指定楼层可以用复位RST指令销号。

（2）轿厢位置指示。电梯运行经过各层楼时，轿厢上的感应器动作，触发轿厢位置计数器计数，上升时加计数，下降时减计数，通过七段译码程序进行译码显示。

（3）电梯定向控制。将呼叫信号与电梯轿厢位置信号做比较，呼叫信号大于轿厢位置信号时，电梯定向为上行；呼叫信号小于轿厢位置信号时，电梯定向为下行。上、下行信号分别驱动上下行指示灯指示电梯运行方向。

（4）电梯运行控制。电梯定向完毕或电梯到达二层且有多层呼叫，延时1s，电梯启动，上行时驱动上行输出继电器，控制电梯正转运行；带动电梯上行；下行时驱动下行输出继电器，控制电梯反转运行，带动电梯下行。

二、PLC控制

（一）PLC比较指令

比较指令用于两个相同类型的无符号数据或有符号数据IN1、IN2的比较操作，比较运算有小于（＜）、等于（＝）、大于（＞）、小于等于（＜＝）、大于等于（＞＝）、不等于（＜＞）共6种形式。

在梯形图中，比较指令以常开触点的形式出现，在触点的中间注明参数和比较符号。触点中间参数B、I、D、R分别表示字节、整数、双字、实数数据类型。当比较条件满足时，该常开触点闭合。

比较指令的操作数可以是I、Q、M、L、D存储区中的变量或常数。

（二）值在范围内与值超出范围指令

"值在范围内"指令IN_RANGE与"值超出范围"OUT_RANGE指令可以等效为一个触点，如果有能流进入指令方框，执行比较，反之不执行比较指令。

值在范围内指令应用如图9-6所示，当参数VAL满足MIN≤VAL≤MAX时，等效触点导通，驱动输出Q0.2。

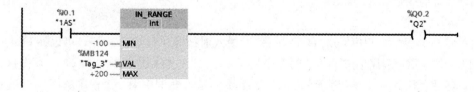

图9-6 值在范围内指令应用

（三）中断事件与中断指令

1. 启动组织块的事件

OB组织块是操作系统与用户的接口，出现启动组织块的事件时，由操作系统调用对应的组织块。如果当前不能调用OB，则按事件的优先级将其保存到队列。如果没有为该事件分配OB，则会触发默认的系统响应。

启动组织块的事件属性见表 9-3，数值越小，OB 优先级越低。

表 9-3　　　　　　　　　　　　启动组织块的事件属性

事件类型	OB 编号	OB 个数	启动事件	OB 优先级
程序循环	1 或≥123	≥1	启动或结束前一个循环 OB	1
启动	100 或≥123	≥0	从 STOP 切换到 RUN	1
时间中断	≥10	最多 2 个	已达到启动时间	2
延时中断	≥20	最多 4 个	延时时间结束	3
循环中断	≥30	最多 4 个	固定循环时间	8
硬件中断	40～47 或≥123	≤50	上升沿（≤16 个） 下降沿（≤16 个）	18
			HSC 计数值＝设定值，计数方向变化， 外部复位，最多各 6 次	18
状态中断	55	0 或 1	CPU 接收到状态中断	4
更新中断	56	0 或 1	CPU 接收到更新中断	4
制造商中断	57	0 或 1	CPU 接收到配置文件特定中断	4
时间错误	80	0 或 1	超过最大循环时间，调用的 OB 仍在执行，错过 时间中断，STOP 器件错过时间中断，中断队列溢出	22
诊断错误中断	82	0 或 1	模块检测到错误	5
拔出/插入中断	83	0 或 1	拔出/插入分布式 I/O	6
机架错误	86	0 或 1	分布式 I/O 系统错误	6

启动事件与循环事件不会同时发生，在启动期间，只有诊断错误事件能中断启动事件，其他事件将进入中断队列，在启动事件结束后处理它们。OB 用局部变量提供启动信息。

2. 事件执行的优先级

通过优先级、优先级组和队列决定事件执行的顺序。每个事件都有优先级，优先级数值越大，优先级别越高。先处理优先级高的，再顺序其他优先级相对较低的事件。优先级相同的，按谁先到处理谁的原则进行。

3. 循环组织块

主程序 OB1 是循环程序 OB，CPU 在 RUN 模式时循环执行 OB1 程序，可以在 OB1 中调用 FC 和 FB。如果用户程序生成了其他的程序循环 OB，CPU 将顺序执行这些 OB，首先执行主程序 OB1，然后再执行编号大于等于 123 的程序循环 OB。一般只需要一个程序循环 OB，它的优先级最低，其他事件都可以中断它。

新建一个项目"循环组织与启动"，CPU 型号设置为"CPU1214C AC/DC/Rly"。

打开项目视图"\ PLC _ 1 \ 程序块"，双击其中的"添加新块"，打开"添加新块"对话框，单击"组织块"按钮，选择循环组织块（Program cycle）如图 9-7 所示，生成一个循环组织块，OB 组织块的编号默认为 123，语言为 LAD 梯形图，默认名称为 Main _ 1，单击"确定"按钮，生成 OB123。

图 9-7　选择循环组织块

　　在组织块 OB1 和 OB123 中分别输入如图 9-8 和图 9-9 所示的简单程序,将它们下载到 PLC,调试运行,可以看到 SB1 和 SB2 分别控制 Q1 和 Q2,说明 OB1 和 OB123 均被循环执行。

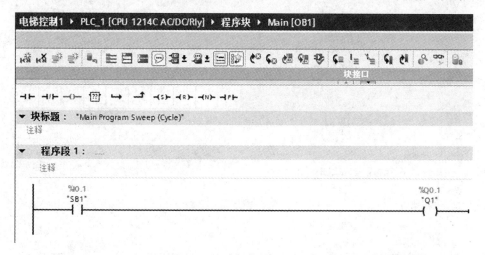

图 9-8　OB1 程序

　　4. 启动组织块

　　启动组织块,用于系统的初始化。CPU 从 STOP 到 RUN,运行一次启动组织块程序,对程序进行初始化。

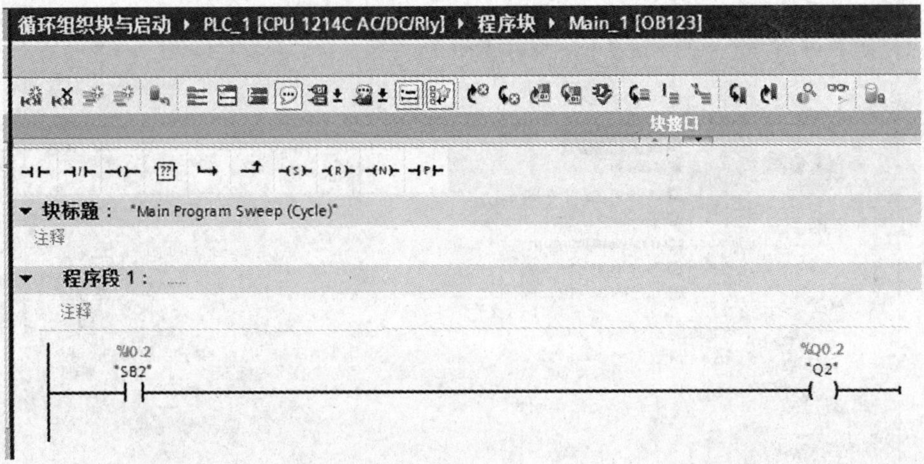

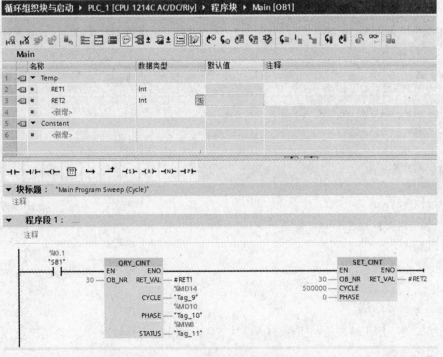

图 9-9　OB123 程序

执行启动组织块后，系统执行 OB1。

启动组织块的默认编号是 OB100，允许生成多个自动组织块，其他的 OB 编号应大于 123。

5．循环中断组织块

循环中断组织块以一定的时间（1～60000ms）周期性地执行，而与程序循环 OB 的执行无关。循环中断和延时中断组织块之和最多是 4 个，其编号应为 OB30～OB38，或大于 123。

双击项目树中的"添加新块"，选择对话框中的循环中断组织块（Cyclic interrupt），将循环中断时间由默认值 100 修改为 500，默认编号为 30。

循环中断执行时间大于循环时间，将会启动时间错误 OB。

在 OB1 中可以调用循序中断组织块，如图 9-10 所示。

图 9-10　调用循序中断组织块

在 OB1 中使用了 QRY_CINT 查询中断指令和 SET_CINT 中断指令，这两个指令在"扩展指令"选项板的"中断"文件夹内。

在 OB1 中还需要设置两个临时变量，RET1、RET2，数据类型为 int，用于暂存程序执行中的临时数据。

（四）高速脉冲输出

1. 高速脉冲输出端

S7-1200 系列 PLC 的每个 CPU 有 4 个 PTO/PWM 发生器，分别通过 Q0.0～Q0.3 或信号板的 Q4.0～Q4.3 输出脉冲。

脉冲宽度与脉冲周期之比称作占空比，脉冲列输出 PTO 功能提供占空比为 50% 的脉冲，脉冲宽度调制 PWM 功能提供脉冲宽度可调的脉冲列输出。

2. PWM 组态

PWM 输出的时间基准可以设置为 μs 或 ms。

脉冲宽度为 0 表示占空比为 0，没有脉冲输出，输出一直为 0 状态。脉冲输出宽度等于脉冲周期，占空比为 100%，也没有脉冲输出，输出一直为 1 状态。

在 TIA 博途软件启动后，新建一个项目，高速脉冲输出，CPU 型号设置为"CPU1214CAC/DC/Rly"。

将信号板"DI 2/DQ 2x24VDC"插入 CPU，打开 CPU 设备视图。

选择左边的"脉冲发生器"，展开文件夹，选择 PTO1/PWM1，在右边的"常规"下的"启用"选项中，复选选择"启用该脉冲发生器"。

在"参数分配"属性的"脉冲选项"中，信号类型选择 PWM 或 PTO，时基选择"毫秒"，脉宽格式选择百分之一，循环时间选择栏，输入"2"ms，初始脉冲宽度，设置为 50%。参数分配设置如图 9-11 所示。在脉冲输出的 I/O 地址设置中，设置 Q4.0。

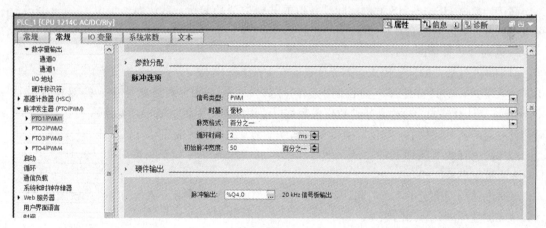

图 9-11 参数分配

3. PWM 编程

打开 OB1，选择右边指令列表的"扩展指令"选项文件夹中的"脉冲"中的"脉冲宽度调节"指令，双击或拖放到程序区，单击"确定"按钮，生成该指令的背景数据块 DB1。如图 9-12 所示。

单击参数 PWM 左边的问号，再单击下拉列表菜单选项，选择"Local_Pulse_1"，它是 PWM1 的硬件标识符。

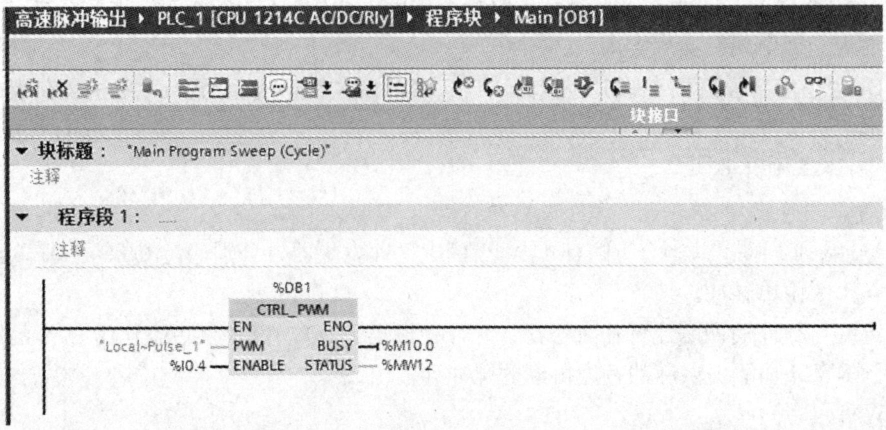

图 9-12　PWM编程

ENABLE 控制端，用于启停 PWM 脉冲发生器，这里使用 I0.4。

参数 STATE 的 MW12 记录状态代码。

（五）高速计数器

PLC 通用计数器过程与扫描工作模式有关，CPU 扫描一次，读取一次被测信号上升沿，因此计数频率较低。高速计数器可以对发生速率高于程序循环 OB 执行速率的事件进行计数，常用于精确定位和测量。

1. 高速计数器的输入点

S7-1200 系统手册给出各种型号 PLC 的高速计数器 HSC1～HSC6 分别在单向、双向和 AB 相输入时默认的输入端，及其各输入端在不同计数模式下的最高计数频率。

高速计数器 HSC1～HSC6 的实际计数值的数据类型是 Dint，默认地址是 ID1000～ID1020，可以在高速计数器组态时修改地址。

2. 高速计数器功能

（1）高速计数器的计数模式。高速计数器有 4 种工作模式，分别是：①具有内部方向控制的单向计数模式；②具有外部方向控制的单向计数模式；③具有两路脉冲输入的双相计数器；④AB相正交计数模式。每种高速计数模式都可以使用或不使用复位输入，复位输入为 1 状态时，高速计数器的实际计数值被清除。直到复位输入变为 0 状态，才能启动计数功能。

（2）高速计数器频率测量功能。高速计数器可以选择 3 种频率测量周期（0.01s、0.1s 和 1s）来测量频率值。

频率测量周期决定了多长时间计算或报告一次新的测量频率值。测量的结果是根据信号脉冲计数值和测量周期计算出的频率。

（3）周期测量功能。使用扩展指令 CTRL _ HSC _ EXT，可以按指定的时间周期，用硬件中断模式测量出被测信号周期数和精确到 μs 的时间间隔，从而计算出被测信号的周期。

3. 高速计数器组态

（1）打开 PLC 的设备视图，选择 CPU，单击巡视窗口的"属性"卡，选择左边的高速计数器 HSC1，如图 9-13 所示。在常规下的启用选项中，复选"启用高速计数器"选项。

（2）计数类型参数下拉列表有计数、频率、周期、Motion Control 四个选项。

（3）工作模式下拉列表有单相、两相位、A/B 计数器、AB 计数器 4 倍频四个选项。

（4）计数方向取决于下拉列表有程序控制（内部方向控制）、输入（外部方向控制）两个

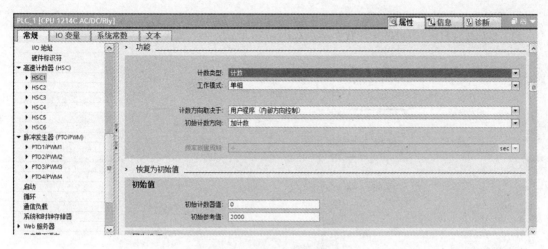

图 9-13　选择高速计数器 HSC1

选项。

（5）初始计数方向下拉列表有加计数、减计数两个选项。

（6）在恢复为初始值选项下，有初始值计数值设置、计数参考值设置栏，分别设置初始计数值和计数参考值。

（7）如果勾选了"使用外部复位输入"复选框，用下拉列表选择"复位信号电平"是高电平有效，还是低电平有效。

（8）选择"事件组态"，可以用复选框"为计数值等于参考值这一事件生成中断"激活下列事件是否发生中断，如图 9-14 所示。可以输入中断事件名称或采用默认的名称，生成中断组织块 OB40 后，将它指定给计数值等于参考值的中断事件。

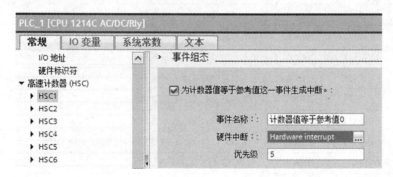

图 9-14　激活中断

（9）触发中断的事件包括计数值等于参考值、出现外部复位事件和出现计数方向变化事件。

（10）在硬件输入选项，可以选择该高速计数器的输入点、方向输入和复位输入点，可以看到可用的最高频率。在 I/O 地址选项可以修改起始地址，终止地址。默认的起始地址是 ID1000。

4.设置高速计数输入滤波时间

CPU 和信号板的输入通道默认的滤波时间是 6.4ms，如果滤波时间大，高频脉冲会被滤除，对于高速计数器，应减少输入滤波时间。

在 CPU 的属性设置中，选择通道 0，在输入滤波器下拉列表中，选择 0.4ms。

可以根据输入脉冲信号频率选择，滤波时间要小于信号周期。

5. 控制高速计数器指令

（1）CTRL＿HSC 控制高速计数器指令如图 9-15 所示。

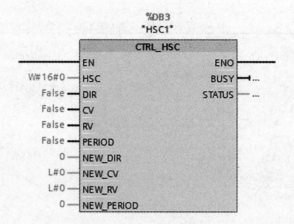

图 9-15　控制高速计数器指令

（2）参数说明见表 9-4。

表 9-4　　　　　　　　　　　　控制高速计数器指令

参数	声明	数据类型	存储区	说明
EN	INPUT	BOOL	I、Q、M、D、L、T、C	使能输入
ENO	OUTPUT	BOOL	I、Q、M、D、L	使能输出
HSC	INPUT	HW＿HSC	I、Q、M 或常数	高速计数器的硬件地址（HW－ID）
DIR	INPUT	BOOL	I、Q、M、D、L 或常数	启用新的计数方向
CV	INPUT	BOOL	I、Q、M、D、L 或常数	启用新的计数值
RV	INPUT	BOOL	I、Q、M、D、L 或常数	启用新的参考值
PERIOD	INPUT	BOOL	I、Q、M、D、L 或常数	启用新的频率测量周期
NEW＿DIR	INPUT	INT	I、Q、M、D、L 或常数	DIR＝TRUE 时装载的计数方向
NEW＿CV	INPUT	DINT	I、Q、M、D、L 或常数	CV＝TRUE 时装载的计数值
NEW＿RV	INPUT	DINT	I、Q、M、D、L 或常数	当 RV＝TRUE 时，装载参考值
NEW＿PERIOD	INPUT	INT	I、Q、M、D、L 或常数	PERIOD＝TRUE 时装载的频率测量周期
BUSY	OUTPUT	BOOL	I、Q、M、D、L	处理状态*
STATUS	OUTPUT	WORD	I、Q、M、D、L	运行状态

＊CPU 或信号板中带有高速计数器时，BUSY 的参数通常为 0。

　　使用"控制高速计数器"指令，可以对参数进行设置并通过将新值加载到计数器来控制
CPU 支持的高速计数器。指令的执行需要启用待控制的高速计数器。对于指定的高速计数器，
无法在程序中同时执行多个"控制高速计数器"指令。可以将以下参数值加载到高速计数器。

　　1）计数方向（NEW＿DIR）：计数方向定义高速计数器是加计数还是减计数。计数方向通过
输入 NEW＿DIR 的以下值来定义：1＝加计数，－1＝减计数。只有通过程序参数设置方向控制
后，才能使用"控制高速计数器"指令更改计数方向。输入 NEW＿DIR 指定的计数方向将在置
位输入 DIR 位时装载到高速计数器。

　　2）计数值（NEW＿CV）：计数值是高速计数器开始计数时使用的初始值。计数值的范围为

－2147483648～2147483647。输入 NEW_CV 指定的计数值将在置位输入 CV 位时装载到高速计数器。

3）参考值（NEW_RV）：可以通过比较参考值和当前计数器的值，以便触发一个报警。与计数值类似，参考值的范围为－2147483648～2147483647。

输入 NEW_RV 指定的参考值将在置位输入 RV 位时装载到高速计数器。

4）频率测量周期（NEW_PERIOD）：频率测量周期通过输入 NEW_PERIOD 的以下值来指定：10＝0.01s，100＝0.1s，1000＝1s。如果为指定高速计数器组态了"测量频率"功能，那么可以更新该时间段。输入 NEW_PERIOD 中指定的时间段将在置位输入 PERIOD 位时装载到高速计数器。

只有输入 EN 的信号状态为"1"时，才执行"控制高速计数器"指令。只有使能输入 EN 的信号状态为"1"且执行该操作期间没有出错时，才置位使能输出 ENO。插入"控制高速计数器"指令时，将创建一个用于保存操作数据的背景数据块。

（3）状态 STATUS 参数。通过输出状态 STATUS，可以查询"控制高速计数器"指令执行期间是否出错。表 9-5 列出了 STATUS 的输出值含义。

表 9-5　　　　　　　　　　　　　　　STATUS 的输出值含义

错误代码（十六进制）	说明
0	无错误
80A1	高速计数器的硬件标识符无效
80B1	计数方向（NEW_DIR）无效
80B2	计数值（NEW_CV）无效
80B3	参考值（NEW_RV）无效
80B4	频率测量周期（NEW_PERIOD）无效
80C0	多次访问高速计数器
80D0	CPU 硬件配置中没有启用高速计数器（HSC）

三、PLC 控制

1. PLC 软元件分配

（1）PLC 输入输出（I/O）分配见表 9-6。

表 9-6　　　　　　　　　　　　　　　PLC 的 I/O 分配

输　入		输　出	
高速计数脉冲输入	I0.0	1AS 呼叫指示灯	Q1.0
1 层呼叫 1AS	I0.2	2AX 呼叫指示灯	Q1.1
2 层上行呼叫 1AS	I0.3	2AS 呼叫指示灯	Q1.2
2 层下行呼叫 2AX	I0.4	3AX 呼叫指示灯	Q1.3
3 层呼叫 3AX	I0.5	上行指示灯	Q1.4
轿厢位置感应器	I0.6	下行指示灯	Q1.5
底层极限开关	I0.7	减速继电器	Q0.0
		上行运行	Q0.1
		下行运行	Q0.2
		数码管	Q8.0～Q8.6

（2）其他软元件分配。辅助继电器、高速计数器分配见表 9-7。

表 9-7　　　　　　　　　　　　　辅助继电器、高速计数器

1AS 位置	M4.0
2AX 位置	M4.1
2AS 位置	M4.2
3AX 位置	M4.3
同时二个呼叫信号	M4.4
暂停信号	M4.5
存在呼叫信号	M3.0
定向上行	M3.1
定向下行	M3.2
减速运行	M3.6
延时定时器	T1
轿厢位置计数器	CT1
层楼位置寄存器	MW40
高速计数器	HSC_1

2. PLC 接线图

PLC 接线图如图 9-16 所示。

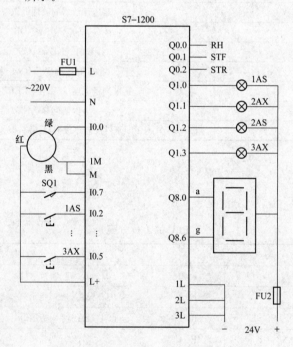

图 9-16　PLC 接线图

3. 变频器参数设置

根据使用的变频器设置高速运行参数。

4. 电梯控制程序

（1）呼叫登记控制程序。呼叫登记控制梯形图如图 9-17 所示。

1）1AS 呼叫登记条件是：按下 1AS 按钮。

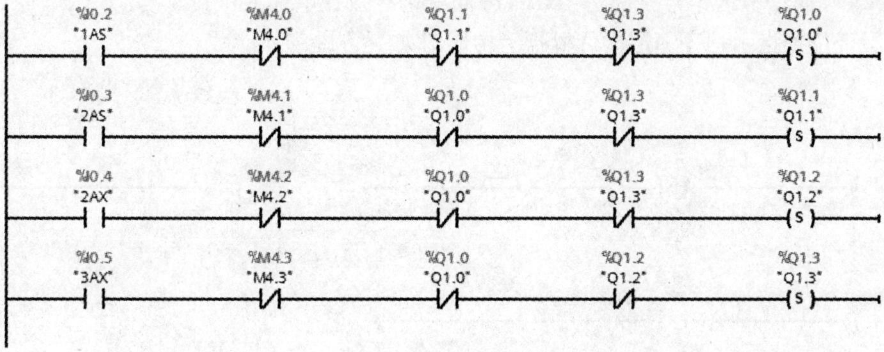

图 9-17　呼叫登记控制梯形图

2）1AS 呼叫限制登记条件是：电梯位于 1 楼，即 1AS 位置辅助继电器 M4.0 为 ON。

3）2AS 上行呼叫有效，即 Q1.2 为 ON。

4）3AX 上行呼叫有效，即 Q1.3 为 ON。

5）2AS 呼叫登记条件是：按下 2AS 按钮。

6）2AS 呼叫限制登记条件是：电梯位于 2 楼，即 2AS 位置辅助继电器 M4.1 为 ON。

7）1AS 上行呼叫有效，即 Q1.0 为 ON。

8）3AX 上行呼叫有效，即 Q1.3 为 ON。

9）2AX 呼叫登记条件是：按下 2AX 按钮。

10）2AX 呼叫限制登记条件是：电梯位于 2 楼，即 2AX 位置辅助继电器 M4.2 为 ON。

11）1AS 上行呼叫有效，即 Q1.0 为 ON。

12）3AX 上行呼叫有效，即 Q1.3 为 ON。

13）3AX 呼叫登记条件是：按下 3AX 按钮。

14）3AX 呼叫限制登记条件是：电梯位于 3 楼，即 3AX 位置辅助继电器 M4.3 为 ON。

15）1AS 呼叫有效，即 Q1.0 为 ON。

16）2AX 下行呼叫有效，即 Q1.3 为 ON。

（2）呼叫信号的销号程序。各层楼呼叫信号的销号梯形图如图 9-18 所示。

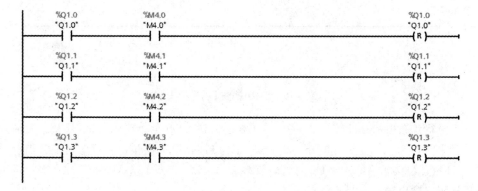

图 9-18　呼叫信号的销号梯形图

1）1AS 呼叫信号的销号条件是：1AS 呼叫登记有效且电梯下行到 1 楼。

2）2AS 呼叫信号的销号条件是：2AS 呼叫登记有效且电梯上行到 2 楼。

3）2AX 呼叫信号的销号条件是：2AX 呼叫登记有效且电梯下行到 2 楼。

4）3AX 呼叫信号的销号条件是：3AX 呼叫登记有效且电梯上行到 3 楼。

（3）层楼位置指示程序。层楼位置指示梯形图如图 9-19 所示。

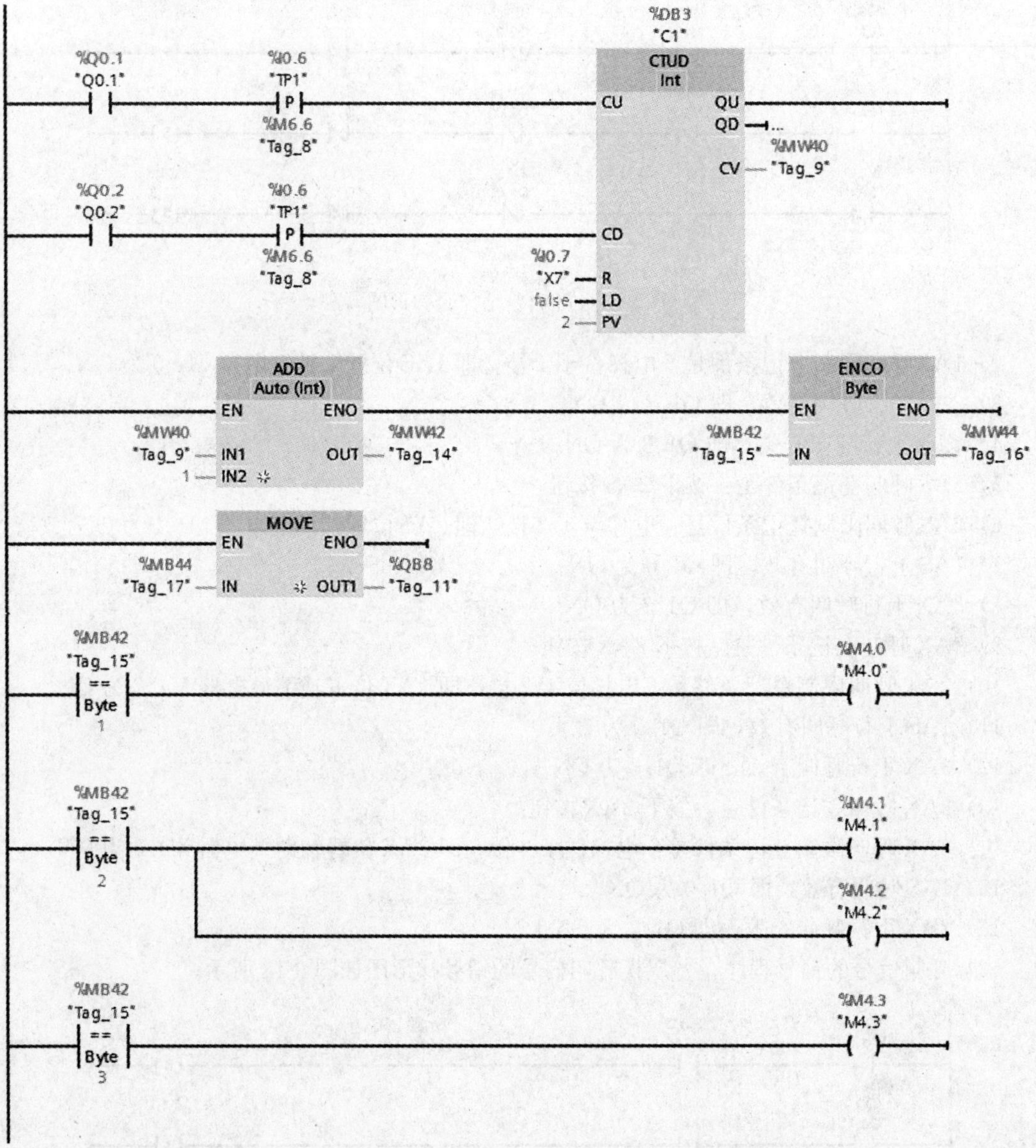

图 9-19　层楼位置指示梯形图

电梯上下行计数由加减计数器 C1 完成，电梯上行时，Q0.1 为 ON，I0.6 层楼位置感应器上升沿脉冲到来时，C1 加计数；电梯下行时，Q0.2 为 ON，I0.6 层楼位置感应器上升沿脉冲到来时，C1 减计数；层楼实际位置比 C1 的当前值多 1，将 MW40＋1 送 MW42，将 MB42 的低 4 位数据七段译码送输出端显示。

轿厢位置辅助继电器由 MB42 与数值 1、2、3 的比较触点指令的结果分别驱动位置辅助继电器 M4.0～M4.3。

（4）电梯定向控制程序。电梯定向控制梯形图如图 9-20 所示。

当电梯存在呼叫信号时，通过呼叫信号与层楼位置信号比较确定电梯的运行方向。呼叫信号

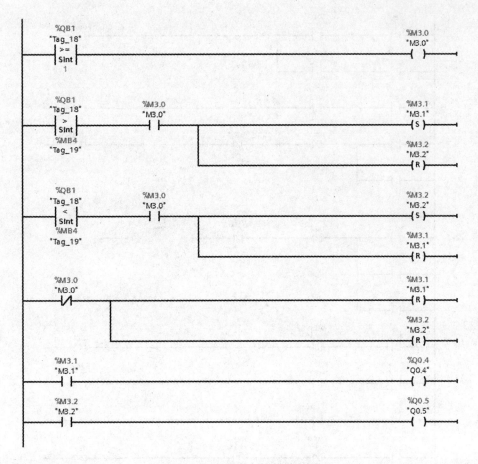

图 9-20　电梯定向控制梯形图

大于层楼位置信号时，电梯定向为上行；呼叫信号小于层楼位置信号时，电梯定向为下行。

（5）电梯运行控制程序。电梯运行控制梯形图如图 9-21 所示。

电梯定向完成，延时 1s。

延时时间到，如果定向为上行，置位上行输出 Q0.1，驱动变频器带动交流电动机正转，拖动电梯轿厢上行；如果定向为下行，置位下行输出 Q0.2，驱动变频器带动交流电动机反转，拖动电梯轿厢下行。

电梯运行到 1 楼，轿厢位置计数器 C1 为 0，层楼位置显示寄存器 MW42 为 1，层楼位置辅助继电器 M4.0 为 ON。

电梯运行到 2 楼，轿厢位置计数器 C1 为 1，层楼位置显示寄存器 MW42 为 2，层楼位置辅助继电器 M4.1、M4.2 为 ON。

电梯运行到 3 楼，轿厢位置计数器 C1 为 2，层楼位置显示寄存器 MW42 为 1，层楼位置辅助继电器 M4.3 为 ON。

单一呼叫时，到达指定层楼位置，复位呼叫信号后产生减速平层信号，置位减速辅助继电器 M3.6，置位减速运行输出 Q0.0。

多层运行时，轿厢经过各层感应位置时，置位减速辅助继电器 M3.6，置位减速运行输出 Q0.0。

置位减速辅助继电器 M3.6 驱动高速计数器 HSC_1 对接在输入端 I0.0 的旋转编码器送来

135

任务
15

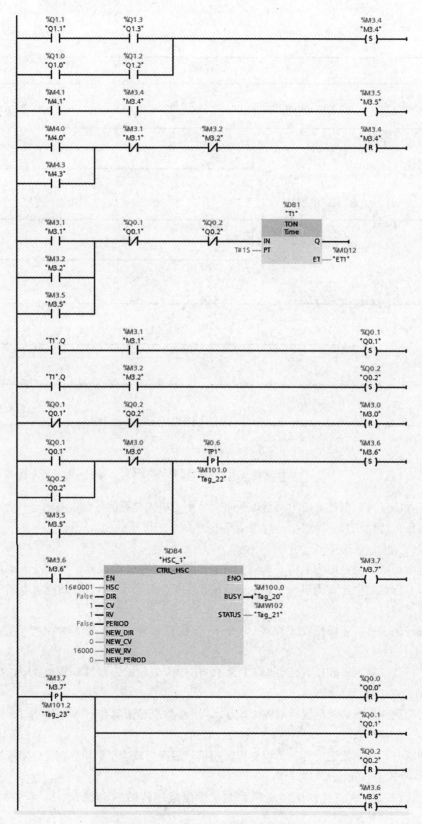

图 9-21　电梯运行控制梯形图

的脉冲进行计数。

当 HSC_1 计数脉冲数达到平层设定数时，HSC_1 中断发生，复位 Q0.0～Q0.2，使电梯停车。

电梯停止后，复位 M4.0。

电梯运行到 1 楼，或触发 1 楼限位极限开关 I0.7，复位轿厢位置计数器 C1。

 技能训练

一、训练目标

(1) 能够正确设计带旋转编码器电梯控制的 PLC 程序。

(2) 能正确输入和传输 PLC 控制程序。

(3) 能够独立完成带旋转编码器电梯控制线路的安装。

(4) 按规定进行通电调试，出现故障时，应能根据设计要求进行检修，并使系统正常工作。

二、训练步骤与内容

1. 根据控制要求设计电梯控制程序

(1) 分配 PLC 输入/输出（I/O）端。

(2) 配置 PLC 辅助继电器、定时器、计数器、数据寄存器等软元件。

(3) 设计呼叫登记控制程序。

(4) 设计呼叫信号的销号程序。

(5) 设计电梯层楼位置计数、显示程序。

(6) 设计电梯定向控制程序。

(7) 设计电梯运行控制程序。

2. 输入电梯控制程序

(1) 输入呼叫登记控制程序。

(2) 输入呼叫信号的销号程序。

(3) 输入电梯层楼位置计数、显示程序。

(4) 输入电梯定向控制程序。

(5) 输入电梯运行控制程序。

3. 系统安装与调试

(1) PLC 按图 9-16 所示接线。

(2) 将 PLC 程序下载到 PLC。

(3) 使 PLC 处于运行状态。

(4) 按下二层上行按钮 2AS，观察 PLC 输出点 Q1.0～Q1.3 的状态变化，观察电梯运行状况。

(5) 按下三层上行按钮 3AX，观察 PLC 输出点 Q1.0～Q1.3 的状态变化，观察电梯运行状况。

(6) 按下二层下行按钮 2AX，观察 PLC 输出点 Q1.0～Q1.3 的状态变化，观察电梯运行状况。

(7) 按下一层上行按钮 1AS，观察 PLC 输出点 Q1.0～Q1.3 的状态变化，观察电梯运行状况。

(8) 同时按下按二层上行按钮 2AS、三层上行按钮 3AX，观察 PLC 输出点 Q1.0～Q1.3 的状态变化，观察电梯运行状况。

（9）同时按下按一层下行按钮 1AS、二层下行按钮 2AX，观察 PLC 输出点 Q1.0～Q1.3 的状态变化，观察电梯运行状况。

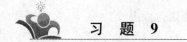

习 题 9

1. 设计 7 层站电梯控制程序。

控制要求如下。

（1）电梯具有轿内指令呼梯信号。

（2）电梯厅外具有上、下行呼梯信号。

（3）内指令信号优先，上、下行呼梯信号互锁，即上行呼梯时，下行呼梯无效；下行呼梯时，上行呼梯无效。

（4）电梯各层楼设有层楼位置感应器。

（5）电梯轿厢位置通过数码管显示。

（6）电梯开、关门均设有限位开关。

（7）电梯具有上行平层、门区平层、下行平层感应器。

（8）电梯具有自动选层、换速控制。

（9）电梯具有启动加速、匀速运行、减速运行、平层停车控制。

2. 设计 7 层站电梯控带旋转编码器的电梯控制程序。

控制要求如下。

（1）电梯具有轿内指令呼梯信号。

（2）电梯厅外具有上、下行呼梯信号。

（3）内指令信号优先，上、下行呼梯信号互锁，即上行呼梯时，下行呼梯无效；下行呼梯时，上行呼梯无效。

（4）电梯轿厢位置通过数码管显示。

（5）电梯开、关门均设有限位开关。

（6）电梯具有上行平层、门区平层、下行平层感应器。

（7）电梯具有自动选层、换速控制。

（8）电梯平层减速由旋转编码器、高速计数器控制。

（9）电梯具有启动加速、匀速运行、减速运行、平层停车控制。

项目十 机械手控制

学习目标

学会用 PLC 控制机械手。

任务16 滑台移动机械手控制

基础知识

一、任务分析

1. 控制要求

滑台移动机械手由气动爪、水平滑台移动机械手、垂直移动机械手、前后移动机械手、阀岛、水平滑台移动限位开关、垂直限位开关、前后移动限位开关、S7-1200 系列 PLC、电源模块、按钮模块等组成。图 10-1 所示为滑台移动机械手外观。

机械手有下列原点位置：①垂直移动机械手在垂直方向处于上端极限位；②水平滑台移动机械手处于右端极限位；③前后移动机械手处于后端极限位；④气动爪处于放松状态。

滑台移动机械手控制要求如下。

（1）按下停止按钮，机械手停止。

（2）停止状态下按下回原点按钮，机械手回原点。

（3）回原点结束后按下启动按钮，前后移动机械手前移，前移到位，垂直移动机械手下移，到位后，夹紧工件，垂直移动机械手上

图 10-1 滑台移动机械手外观

移；上移到位，前后移动机械手缩回，缩回到位，水平滑台移动机械手左移，左移到位，前后移动机械手前移，前移到位，垂直移动机械手下降，下降到位，放松工件，垂直移动机械手上升，到位后，前后移动机械手缩回，缩回到位，水平移动机械手右移，右移到位，完成一次单循环。

（4）如果是自动循环运行，以上流程结束后，再自动重复步骤（3）。

（5）机械手具有手动调试功能。

2. 自动运行的状态转移图

自动运行的状态转移图如图 10-2 所示。

二、用 PLC 控制滑台移动机械手

1. PLC 软元件分配

PLC 输入/输出（I/O）分配见表 10-1，其他软元件分配见表 10-2。

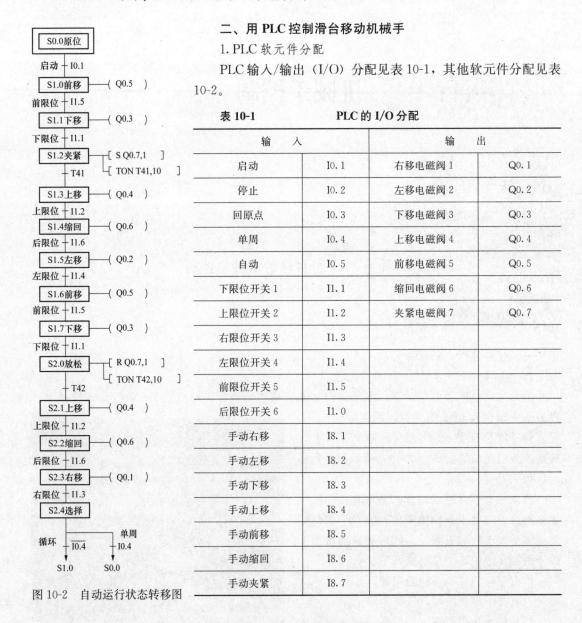

图 10-2　自动运行状态转移图

表 10-1　PLC 的 I/O 分配

输　入		输　出	
启动	I0.1	右移电磁阀 1	Q0.1
停止	I0.2	左移电磁阀 2	Q0.2
回原点	I0.3	下移电磁阀 3	Q0.3
单周	I0.4	上移电磁阀 4	Q0.4
自动	I0.5	前移电磁阀 5	Q0.5
下限位开关 1	I1.1	缩回电磁阀 6	Q0.6
上限位开关 2	I1.2	夹紧电磁阀 7	Q0.7
右限位开关 3	I1.3		
左限位开关 4	I1.4		
前限位开关 5	I1.5		
后限位开关 6	I1.0		
手动右移	I8.1		
手动左移	I8.2		
手动下移	I8.3		
手动上移	I8.4		
手动前移	I8.5		
手动缩回	I8.6		
手动夹紧	I8.7		

表 10-2　其他软元件分配

元件名称	软元件	作用	元件名称	软元件	作用
状态 0	S0.0	初始	状态 16	S1.6	前移
状态 10	S1.0	前移	状态 17	S1.7	下降
状态 11	S1.1	下降	状态 20	S2.0	放松
状态 12	S1.2	夹紧	状态 21	S2.1	上升
状态 13	S1.3	上升	状态 22	S2.2	缩回
状态 14	S1.4	缩回	状态 23	S2.3	右移
状态 15	S1.5	左移	状态 24	S2.4	选择

2. PLC 接线图

滑台移动机械手 PLC 接线图如图 10-3 所示。

3. 根据控制要求设计 PLC 控制程序

（1）设计滑台移动机械手主程序。

1）启动 TIA 博途软件，新建建一个项目"滑台移动机械手控制"，CPU 型号设置为"CPU1214C AC/DC/Rly"。

2）打开项目视图"\ PLC _ 1 \ 程序块"，双击其中的"添加新块"，单击打开的"添加新块"对话框中的"FC"函数按钮，在块名称中输入"自动程序"，生成一个 FC 函数功能块，FC 的编号默认认为 1，语言为 LAD 梯形图，单击"确定"按钮，生成 FC1。

3）用类似的方法生成手动控制 FC2 函数块。

4）在 Main（OB1）中输入主控程序，如图 10-4 所示。

（2）设计滑台移动机械手自动运行控制程序。应用置位、复位指令，根据自动运行状态转移图，设计滑台移动机械手自动控制程序。自动运行状态转移控制程序如图 10-5 所示。自动

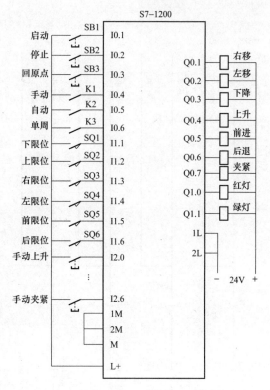

图 10-3　滑台移动机械手 PLC 接线图

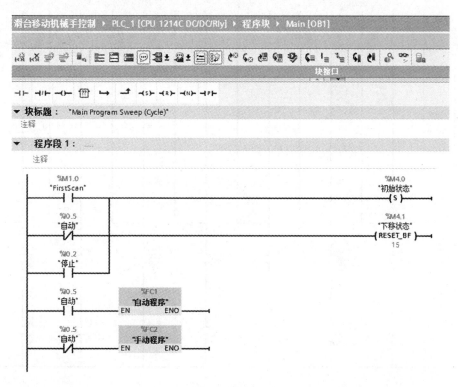

图 10-4　主控程序

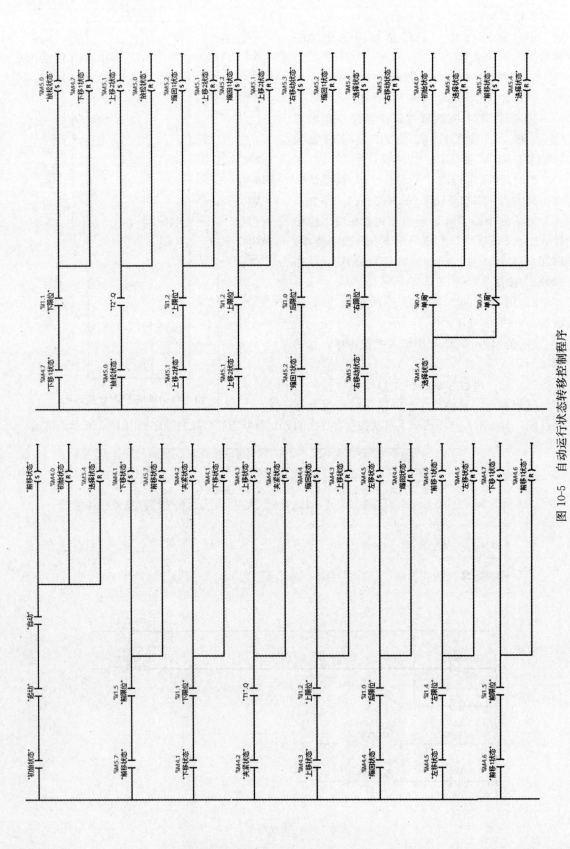

图 10-5 自动运行状态转移控制程序

运行状态驱动程序如图 10-6 所示。

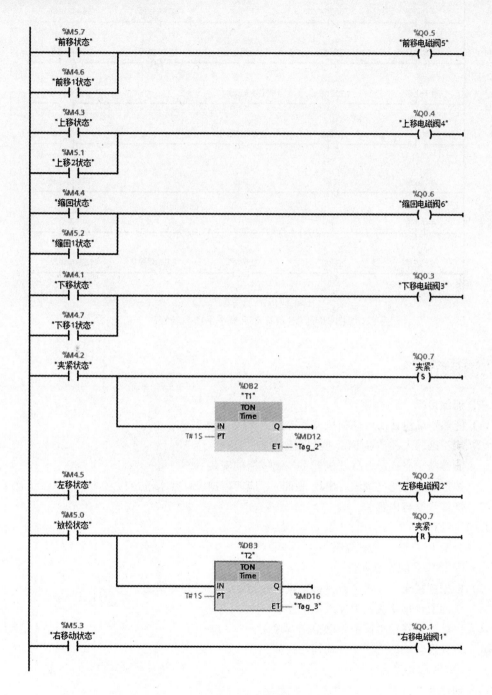

图 10-6 自动运行状态驱动程序

（3）设计滑台移动机械手手动控制程序。手动控制时，注意前后移动时，保持机械手在上限位，并注意前后移动、左右移动、上下移动的互锁。滑台移动机械手手动控制程序如图 10-7 所示。

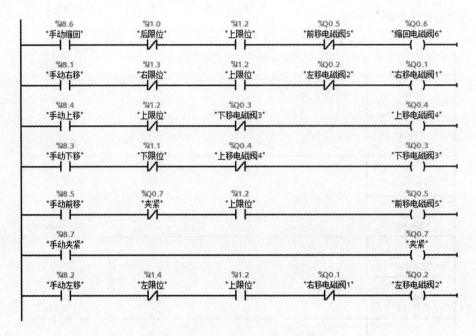

图 10-7　滑台移动机械手手动控制程序

技能训练

一、训练目标

（1）能够正确设计滑台移动机械手控制的 PLC 程序。

（2）能正确输入和传输 PLC 控制程序。

（3）能够独立完成滑台移动机械手控制线路的安装。

（4）按规定进行通电调试，出现故障时，应能根据设计要求进行检修，并使系统正常工作。

二、训练步骤与内容

1. 设计 PLC 程序

（1）分配 PLC 输入、输出端。

（2）配置 PLC 状态软元件。

（3）根据控制要求，画出滑台移动机械手自动运行状态转移图。

（4）设计滑台移动机械手控制主程序。

（5）设计滑台移动机械手手动控制程序。

（6）设计滑台移动机械手自动运行控制程序。

2. 输入 PLC 程序

（1）创建新项目。

1）启动 TIA 博途软件，新建建一个项目"滑台移动机械手控制"，CPU 型号配置为"CPU1214C AC/DC/Rly。"

2）打开项目视图"\ PLC_1 \ 程序块"，双击其中的"添加新块"，单击打开的添加新块对话框中的"FC"函数按钮，在块名称中输入"自动程序"，生成一个 FC 函数功能块，FC 的编号默认为 1，语言为 LAD 梯形图，单击"确定"按钮，生成 FC1。

3）用类似的方法生成手动控制 FC2 函数块。

（2）输入控制程序。

1）在 Main（OB1）中输入主控程序。

2）在 FC1 功能块中输入自动运行控制程序。

3）在 FC2 功能块中输入手动控制程序。

3. 系统安装与调试

（1）根据 PLC 输入、输出端 I/O 分配画出 PLC 接线图。

（2）PLC 按图 10-3 所示接线。

（3）将滑台移动机械手 PLC 控制程序下载到 PLC。

（4）使 PLC 处于运行状态。

（5）按下停止按钮 SB2，观察状态元件 S0.0~S2.4 的状态；观察 PLC 的所有输出点的状态变化。

（6）按下各手动控制按钮，观察机械手的动作。

（7）接通自动运行开关，按下启动按钮 SB1，观察自动运行状态的变化，观察 PLC 的所有输出点的变化，观察机械手自动连续运行过程。

（8）按下停止按钮，按一次回原点按钮，等待机械手回原点。

（9）接通单周运行开关，按下启动按钮 SB1，观察机械手单周运行过程，观察 PLC 输出点的变化。

习　题　10

1. 设计旋臂机械手自动运行的状态转移图。

（1）旋臂机械手由气动爪、水平旋转机械手、垂直移动机械手、水平伸缩机械手、阀岛、水平旋转限位开关、垂直限位开关、水平伸缩限位开关、S7-1200 系列 PLC、电源模块、按钮模块等组成。旋臂机械手的原点位置为：①垂直移动机械手在垂直方向处于上端极限位；②水平旋转机械手处于右端极限位；③水平伸缩机械手处于后端缩回极限位；④气动爪处于放松状态。

（2）旋臂机械手控制要求。

1）按下停止按钮，机械手停止。

2）停止状态下按下回原点按钮，机械手回原点。

3）回原点结束后按下启动按钮，水平伸缩机械手向前伸出，伸出到位，垂直移动机械手下移，到位后，夹紧工件，垂直移动机械手上移；上移到位，水平伸缩机械手缩回，缩回到位，水平旋转机械手顺时针旋转到左端，旋转到位，水平伸缩机械手伸出，伸出到位，垂直移动机械手下降，下降到位，放松工件，垂直移动机械手上升，到位后，水平伸缩机械手缩回，缩回到位，水平旋转机械手反时针旋转到右端，旋转到位，完成一次单循环。

4）如果是自动循环运行，以上流程结束后，再自动重复步骤 3）。

5）具有手动控制功能。

2. 将旋臂机械手 PLC 控制自动运行状态转移图转换为旋臂机械手自动运行的梯形图程序。

3. 根据旋臂机械手自动运行的梯形图程序，画出自动运行的状态转移图。

项目十一 步进电机控制

学习目标

（1）学习步进电机基础知识。

（2）学会使用晶体管输出型 PLC。

（3）学会用 PLC 控制步进电机。

任务 17 控制步进电机

基础知识

一、任务分析

1. 控制要求

（1）步进电机采用四相 8 拍运行时序，快速运行为 20 步/s，慢速运行为 2 步/s。

（2）按下正向运行按钮，步进电机正向低速运行。

（3）按下反向运行按钮，步进电机反向低速运行。

（4）按下停止按钮，步进电机停止。

（5）接通快速运行开关，按下正向运行按钮，步进电机正向高速运行。

（6）接通快速运行开关，按下反向运行按钮，步进电机反向高速运行。

2. 步进电机的工作原理

步进电机是将电脉冲信号转变为角位移或线位移的开环控制元件。

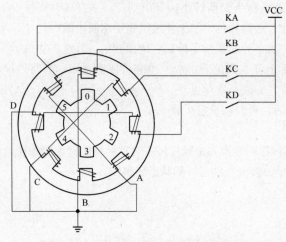

图 11-1 四相反应式步进电机工作原理

在非超载的情况下，电机的转速、停止的位置只取决于脉冲信号的频率和脉冲数，而不受负载变化的影响，即给电机加一个脉冲信号，电机则转过一个步距角。这一线性关系的存在，加上步进电机只有周期性的误差而无累积误差等特点。使得在速度、位置等控制领域用步进电机来控制变得非常的简单。

四相步进电机，采用单极性直流电源供电。只要对步进电机的各相绕组按合适的时序通电，就能使步进电机步进转动。图 11-1 所示为四相反应式步进电机工作原理。

开始时，开关 KB 接通电源，KA、KC、KD 断开，B 相磁极和转子 0、3 号齿对齐，同时，转子的 1、4 号齿就和 C、D 相绕组磁极产生错齿，2、5 号齿就和 D、A 相绕组磁极产生错齿。

当开关 KC 接通电源，KB、KA、KD 断开时，由于 C 相绕组的磁力线和 1、4 号齿之间磁力线的作用，使转子转动，1、4 号齿和 C 相绕组的磁极对齐。而 0、3 号齿和 A、B 相绕组产生错齿，2、5 号齿就和 A、D 相绕组磁极产生错齿。依次类推，A、B、C、D 四相绕组轮流供电，则转子会沿着 A、B、C、D 方向转动。

3. 步进电机的控制

四相步进电机按照通电顺序的不同，可分为单四拍、双四拍、八拍 3 种工作方式。单四拍与双四拍的步距角相等，但单四拍的转动力矩小。八拍工作方式的步距角是单四拍与双四拍的一半，因此，八拍工作方式既可以保持较高的转动力矩又可以提高控制精度。

（1）单四拍工作方式的电源通电时序：步进电机按 A→B→C→D→A 时序循环通电时，步进电机正转；步进电机按 A→D→C→B→A 时序循环通电时，步进电机反转。

（2）双四拍工作方式的电源通电时序：步进电机按 AB→BC→CD→DA→AB 时序循环通电时，步进电机正转；步进电机按 AD→DC→CB→BA→AD 时序循环通电时，步进电机反转。

（3）八拍工作方式的电源通电时序：步进电机按 A→AB→B→BC→C→CD→D→DA→A 时序循环通电时，步进电机正转；步进电机按 A→AD→D→DC→C→CB→B→BA→A 时序循环通电时，步进电机反转。

二、PLC 步进电机控制

1. PLC 输入/输出（I/O）分配

PLC 的 I/O 分配见表 11-1。

表 11-1　　　　　　　　　　　　　PLC 的 I/O 分配

输　　入			输　　出	
元件名称	符号	输入点		符号
正向启动按钮	SB1	I0.1	A 相线圈驱动　　QA	Q0.0
反向启动按钮	SB2	I0.2	B 相线圈驱动　　QB	Q0.1
停止按钮	SB3	I0.3	C 相线圈驱动　　QC	Q0.2
速度控制开关	S1	I0.4	D 相线圈驱动　　QD	Q0.3

2. PLC 软元件分配

PLC 软元件分配见表 11-2。

表 11-2　　　　　　　　　　　　　PLC 软元件分配

软元件	符　　号	元件作用
辅助继电器 1	M4.1	正向运行
辅助继电器 2	M4.2	反向运行
辅助继电器 3	M4.3	移位脉冲
辅助继电器 4	M0.4	移位数据
辅助继电器 10～17	M5.0～M5.7	时序控制

续表

软元件	符　　号	元件作用
定时器 1	T1	脉冲定时
定时器 2	T2	脉冲定时
定时参数 1	MW20	定时器 1 设定值
定时参数 2	MW22	定时器 2 设定值

3. PLC 接线图

PLC 步进电机控制接线图如图 11-2 所示。

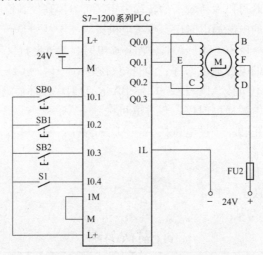

图 11-2　PLC 步进电机控制接线图

4. 根据控制要求设计步进电机控制程序

（1）设计停止程序。停止或上电时，要使移位数据为零。停止程序如图 11-3 所示。

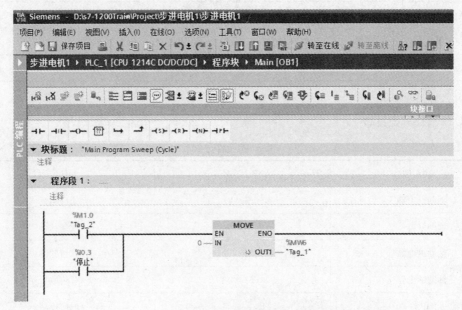

图 11-3　停止程序

（2）设计正、反向运行辅助控制程序。分析正、反向运行辅助控制要求，应用继电器起停控制函数设计正、反向运行辅助控制程序。

正向运行辅助控制函数为

$$M0.1 = (I0.1 + M0.1) \cdot \overline{I0.2} \cdot \overline{I0.3}$$

反向运行辅助控制函数为

$$M0.2 = (I0.2 + M0.2) \cdot \overline{I0.1} \cdot \overline{I0.3}$$

正、反向运行辅助控制程序如图 11-4 所示。

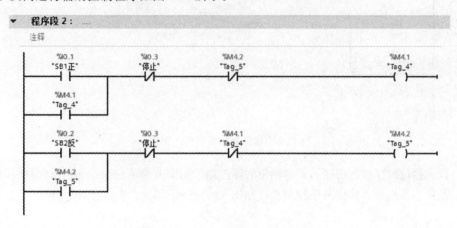

图 11-4 正、反向运行辅助控制程序

（3）设计快速、慢速运行定时程序。快速运行的时钟脉冲周期是 5ms，因此定时参数分别取 2ms、3ms；慢速运行的时钟脉冲周期是 50ms，因此定时参数分别取 20ms、30ms。

快速、慢速运行定时程序如图 11-5 所示。

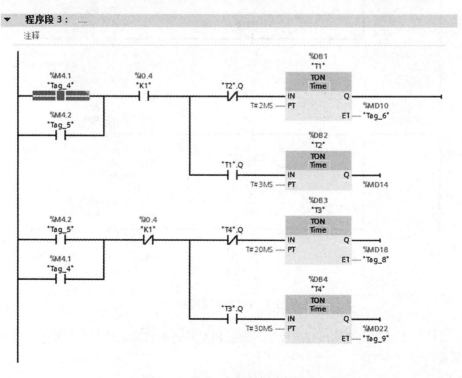

图 11-5 快速、慢速运行定时程序

149

（4）移位时序脉冲产生。快速运行的时钟脉冲周期是 50ms，因此移位定时参数分别取 2ms、3ms；慢速运行的时钟脉冲周期是 50ms，因此定时参数分别取 20ms、30ms。选取 T1.Q 脉冲触点做快速移位脉冲，选取 T3.Q 脉冲触点做慢速移位脉冲。

（5）设计移位初始数据传送程序。移位初始数据传送程序如图 11-6 所示。

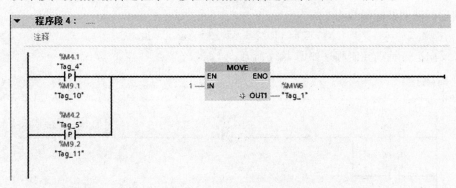

图 11-6　移位初始数据传送程序

（6）设计移位时序控制程序。正向移位时序控制采用字节循环左移指令，反向移位时序控制采用字节循环右移指令，移位时序控制程序如图 11-7 所示。

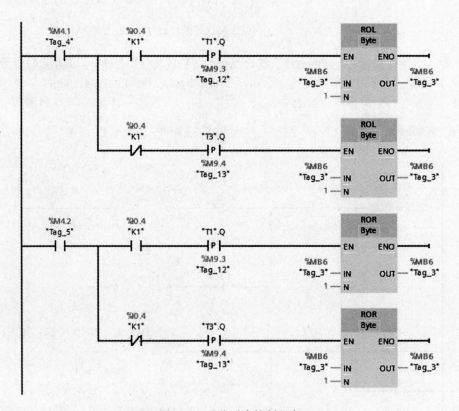

图 11-7　移位时序控制程序

（7）设计 PLC 步进电机输出控制程序。根据 PLC 步进电机输出控制控制要求，写出步进输出控制函数，为

$$Q0.0 = M6.0 + M6.1 + M6.7$$
$$Q0.1 = M6.1 + M6.2 + M6.3$$
$$Q0.2 = M6.3 + M6.4 + M6.5$$
$$Q0.3 = M6.5 + M6.6 + M6.7$$

根据控制函数设计的输出控制程序如图 11-8 所示。

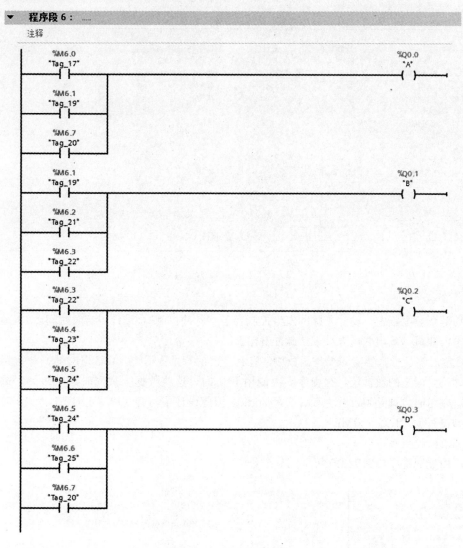

图 11-8　输出控制程序

三、应用功能函数块进行步进电机控制

1. 创建项目

启动 TIA 博途软件，新建建一个项目"步进电机控制 6"，CPU 型号设置为"CPU1214C DC/DC/DC"。

2. 生成函数块

打开项目视图"\PLC_1\程序块"，双击其中的"添加新块"，单击打开的"添加新块"对话框中的"FB"函数块按钮，在块名称中输入"pulse"，生成一个 FB 函数块，FB 的编号默认为 1，语言为 LAD 梯形图，单击"确定"按钮，生成 FB1。

151

3. 配置函数块的局部变量

打开 FB1，用鼠标往下拉动程序编辑器的分隔条，分隔条上面是函数块接口区，配置局部变量如图 11-9 所示。

步进电机6 ▸ PLC_1 [CPU 1214C DC/DC/DC] ▸ 程序块 ▸ pulse [FB1]

pulse

	名称	数据类型	默认值	保持	可从 HMI/...	从 H...	在 HMI ...	设定值	注释
1	▼ Input								
2	脉冲控制	Bool	false	非保持	✓	✓	✓		
3	定时时间1	Time	T#0ms	非保持	✓	✓	✓		
4	定时时间2	Time	T#0ms	非保持	✓	✓	✓		
5	▼ Output								
6	脉冲输出	Bool	false	非保持	✓	✓	✓		
7	▼ InOut								
8	<新增>								
9	▼ Static								
10	▸ 定时DB1	IEC_TIMER		非保持	✓	✓	✓		
11	▸ 定时DB2	IEC_TIMER		非保持	✓	✓	✓		
12	▼ Temp								
13	<新增>								
14	▼ Constant								
15	<新增>								

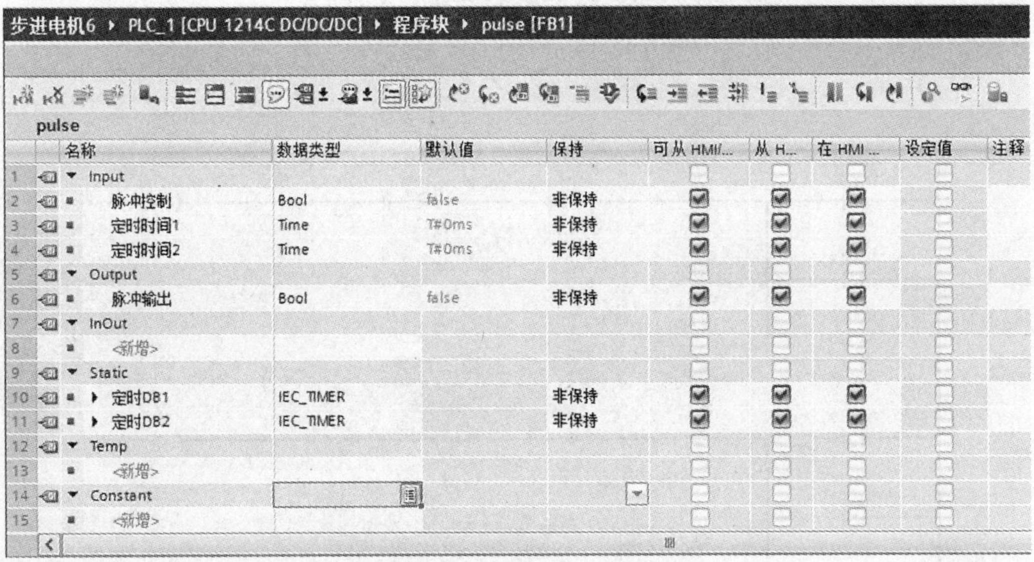

图 11-9 配置局部变量

在局部变量配置中，设计了脉冲发生控制变量“脉冲控制”，设计了定时时间 1、定时时间 2 等两个输入变量，输出变量设计了“脉冲输出”。

IEC 定时器、计数器实际上是函数块，有其自己的背景数据块，IEC 定时器、计数器背景数据块，如果是固定的数据块，在程序多次调用 FB1 时，这些数据会被同时用于多处，造成运行出错。所以定时数据必须设置为私有变量 static。因此设计了私有变量“定时 DB1”“定时 DB2”，变量类型设置为“IEC _ TIMER”。

4. FB1 的控制程序

FB1 的控制程序如图 11-10 所示。

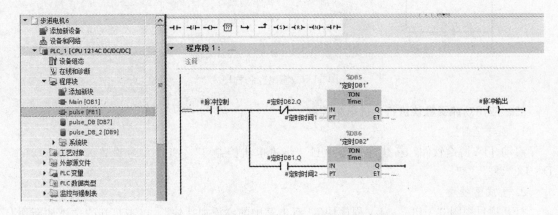

图 11-10 FB1 的控制程序

脉冲控制为 ON 时，定时 DB1 启动定时，定时时间到，输出脉冲，同时启动第 2 个定时 DB2 定时，当定时 DB2 定时时间到，定时 DB2. Q 常闭触点断开，定时 DB1、定时 DB2 同时退出，重新开始下一次的循环定时。

5. 在 OB1 组织块中调用 FB1

在 OB1 组织块中调用 FB1 的程序如图 11-11 所示。

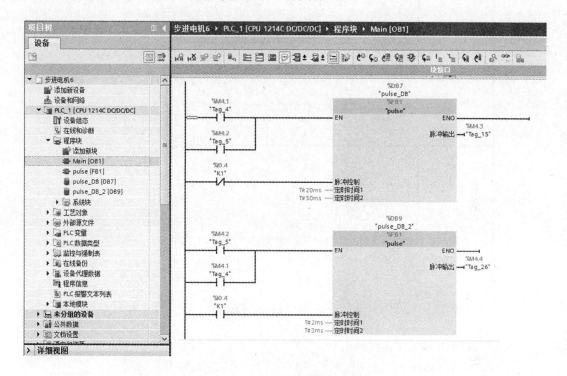

图 11-11　在 OB1 组织块中调用 FB1

慢速运行时，调用 FB1，定时时间 1、定时时间 2 分别设置为 20ms、30ms，脉冲控制端连接 S1 常闭触点，脉冲输出端连接 M4.3。

快速运行时，调用 FB1，定时时间 1、定时时间 2 分别设置为 2ms、3ms，脉冲控制端连接 S1 常开触点，脉冲输出端连接 M4.4。

6. 处理调用错误

在调用 FB1 时，OB1 中，慢速控制程序中被调用的 FB1 的字符为红色，右击出错的 FB1，执行快捷菜单中"更新块调用"命令，出现"接口数据同步"对话框，单击"确定"按钮，对话框消失，OB1 中被调用的 FB1 被修改为新的接口，红色字符变为黑色。

在调用 FB1 时，OB1 中，高速控制程序中被调用的 FB1 的字符为红色，右击出错的 FB1，执行快捷菜单中"更新块调用"命令，出现"接口数据同步"对话框，单击"确定"按钮，对话框消失，OB1 中被调用的 FB1 被修改为新的接口，红色字符变为黑色。

7. 设计移位初始数据传送程序

正反转时将移位初始数据"1"传送 MB6。

8. 移位时序控制程序

正向移位时序控制采用字节循环左移指令，反向移位时序控制采用字节循环右移指令，移位时序控制程序如图 11-12 所示。

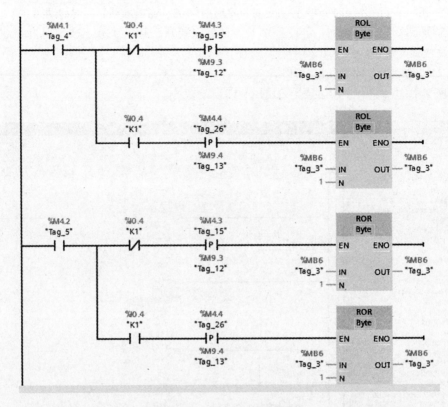

图 11-12 移位时序控制程序

9. 设计 PLC 步进电机输出控制程序

根据 PLC 步进电机输出控制控制要求，写出步进输出控制函数为

$$Q0.0 = M6.0 + M6.1 + M6.7$$
$$Q0.1 = M6.1 + M6.2 + M6.3$$
$$Q0.2 = M6.3 + M6.4 + M6.5$$
$$Q0.3 = M6.5 + M6.6 + M6.7$$

由控制函数，可以设计出 PLC 步进电机输出控制程序。

 技能训练

一、训练目标

（1）能够正确设计步进电机控制的 PLC 程序。

（2）能正确输入和传输 PLC 控制程序。

（3）能够独立完成步进电机控制线路的安装。

（4）按规定进行通电调试，出现故障时，应能根据设计要求进行检修，并使系统正常工作。

二、训练步骤与内容

1. 设计 PLC 步进电机控制程序

（1）确定 PLC 输入、输出点，配置 PLC 辅助继电器、定时器。

（2）设计停止控制程序。

（3）设计正、反向运行辅助控制程序。

（4）设计移位时序脉冲产生程序。

（5）设计移位初始数据设置程序。

（6）设计移位时序控制程序。

（7）设计 PLC 步进电机输出控制程序。

2. 安装、调试与运行

（1）PLC 按图 11-2 所示接线。

（2）将步进电机控制程序下载到 PLC。

（3）使 PLC 处于运行状态。

（4）按下正向运行启动按钮 SB1，观察 PLC 输出 Q0.0～Q0.3 的变化，观察步进电机的正向低速运行。

（5）按下停止按钮 SB3，观察步进电机是否停止。

（6）按下反向运行启动按钮 SB2，观察 PLC 输出 Q0.0～Q0.3 的变化，观察步进电机的反向低速运行。

（7）按下停止按钮 SB3，观察步进电机是否停止。

（8）接通快速运行开关 S1，按下正向运行启动按钮 SB1，观察 PLC 输出 Q0.0～Q0.3 的变化，观察步进电机的正向快速运行。

（9）按下停止按钮 SB3，观察步进电机是否停止。

（10）接通快速运行开关 S1，按下反向运行启动按钮 SB2，观察 PLC 输出 Q0.0～Q0.3 的变化，观察步进电机的反向快速运行。

（11）按下停止按钮 SB3，观察步进电机是否停止。

任务 18　步进电机定位机械手控制

技能训练基础

一、任务分析

1. 控制要求

步进电机定位机械手由步进电机驱动器驱动步进电机控制的水平机械手、气缸控制的垂直机械手、气缸控制的气动手指、阀岛、PLC、电源模块等组成。

滚珠丝杠由步进电机驱动，通过步进电机驱动器，每 200 脉冲驱动步进电机带动丝杠移动 1mm。

步进电机控制的机械手的原点位置为：①水平机械手处于右限位；②垂直机械手位于上端极限位；③气动爪处于放松状态。

机械手的控制要求如下。

（1）按下回原点按钮，机械手回原点。

（2）按下启动按钮，由垂直移动气缸控制垂直机械手的向下移动，下移到位，气动手指夹紧工件，延时 1s，垂直机械手上移，上移到位，由步进电机控制水平机械手沿水平方向的左移 20cm，左移到位，垂直机械手下移；下移到位；释放工件，延时 1s，垂直机械手上移，上移到位，水平机械手右移 20cm，右移到位，完成一次单循环；如果是自动循环工作，重复上述工艺过程。

（3）按下停止按钮，机械手停止。

任务
18

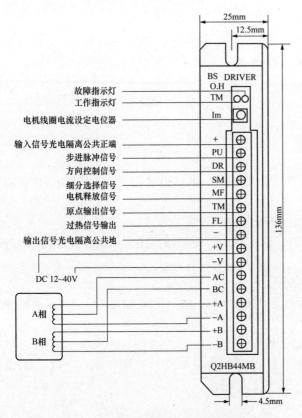

图 11-13　白山步进电机驱动器接线图

2. 步进电机驱动器

白山 Q2HB44MA（B）步进电机驱动器为等角度恒力矩细分型驱动器，驱动电压 DC12-40V，适合驱动 6 或 8 引出线、电流在 4A 以下、外径 42～86mm 的各种型号的二相混合式步进电机。该驱动器内部采用独特的控制电路，使电机噪声减小，电机运行更平稳，电机的高速性能可提高 30％以上，而驱动器的发热可减少 50％。白山 Q2HB44MA（B）步进电机驱动器广泛运用于激光打标、雕刻等分辨率较高的小型数控设备上。

白山步进电机驱动器接线图如图 11-13 所示。

二、PLC 运动控制指令

1. 高速脉冲输出

高速脉冲输出是指在 PLC 的某个输出端产生高速脉冲，用于驱动负载实现精确定位控制，在运动控制中具有广泛的应用。

应用高速脉冲输出控制时，必须使用晶体管输出型 PLC，以满足高速脉冲输出的要求。

每个 CPU 有 4 个 PTO/PWM 高速脉冲输出，分别通过 DC 输出的 CPU 集成的 Q0.0～Q0.3 或信号板上的 Q4.0～Q4.3 输出 PTO/PWM 脉冲。

脉冲宽度与脉冲周期之比称为占空比。

脉冲列输出 PTO 功能提供占空比为 50％的方波脉冲列输出。

脉冲宽度调制 PWM 功能提供占空比可以由程序控制的脉冲列输出。

2. MC_Power 指令

1）MC_Power 指令名称。MC_Power 指令名称为启动/禁用轴，如图 11-14 所示。

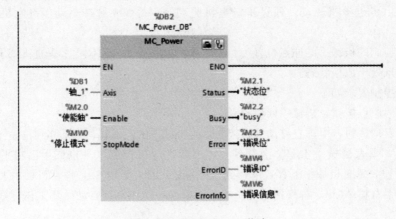

图 11-14　MC_Power 指令

2) MC _ Power 指令功能。MC _ Power 指令的功能为使能轴或禁用轴。

3) MC _ Power 指令使用要点。MC _ Power 指令在程序里一直调用，并且在其他运动控制指令之前调用并使能。

（1）输入端。

1) EN 端。该输入端是 MC _ Power 指令的使能端，不是轴的使能端。MC _ Power 指令必须在程序里一直调用，并保证 MC _ Power 指令在其他 Motion Control 指令的前面调用。

2) Axis 端。轴名称，可以有几种方式输入轴名称。

a. 用鼠标直接从 Portal 软件左侧项目树中拖拽轴的工艺对象，从左侧项目树中拖拽轴对象，如图 11-15 所示。

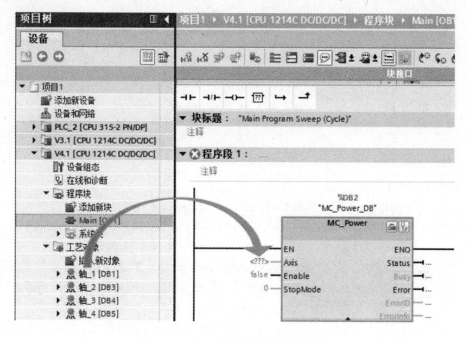

图 11-15　从左侧项目树中拖拽轴对象

b. 用键盘输入字符，Portal 软件会自动显示出可以添加的轴对象，如图 11-16 所示。

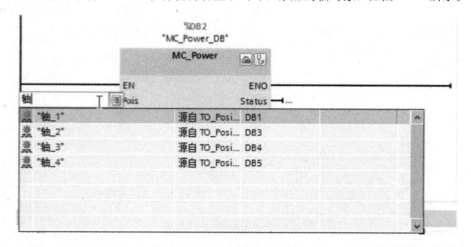

图 11-16　用键盘输入字符

c. 用复制的方式，把轴的名称复制到指令上。

d. 鼠标双击"Aixs"，系统会出现右边带可选按钮的白色长条框，如图 11-17 所示。这时单击"选择按钮"，就会出现选项的列表，在选项列表中选择轴对象。

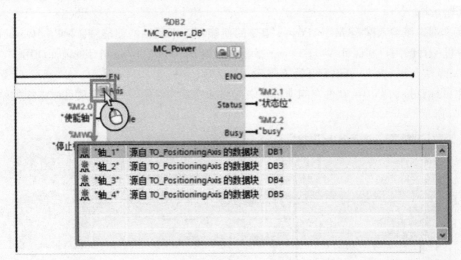

图 11-17　双击"Aixs"

3）Enable，轴使能端。

a. Enable＝0，根据 StopMode 设置的模式来停止当前轴的运行；

b. Enable＝1，如果组态了轴的驱动信号，则 Enable＝1 时将接通驱动器的电源。

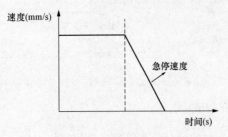

图 11-18　紧急停止模式

4）StopMode，轴停止模式。

a. StopMode＝0，紧急停止，按照轴工艺对象参数中的"急停"速度或时间来停止轴，紧急停止模式如图 11-18 所示。

b. StopMode＝1，立即停止，PLC 立即停止发脉冲，立即停止模式如图 11-19 所示。

c. StopMode＝2，带有加速度变化率控制的紧急停止，如果用户组态了加速度变化率，则轴在减速时会把加速度变化率考虑在内，减速曲线变得平滑，平滑停止模式如图 11-20 所示。

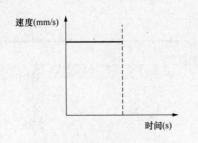

图 11-19　立即停止模式

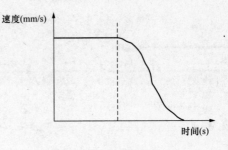

图 11-20　平滑停止模式

（2）输出端。

1）ENO，使能输出。

2）Status，轴的使能状态。

3）Busy，标记 MC_Power 指令是否处于活动状态。

4）Error，标记 MC_Power 指令是否产生错误。

5）ErrorID，当 MC_Power 指令产生错误时，用 ErrorID 表示错误号。

6）ErrorInfo，当 MC_Power 指令产生错误时，用 ErrorInfo 表示错误信息。结合 ErrorID 和 ErrorInfo 数值，查看手册或是 Portal 软件的帮助信息中的说明，可查看错误原因。

3. MC_Reset 指令

（1）MC_Reset 指令名称。MC_Reset 指令名称为确认故障，如图 11-21 所示。

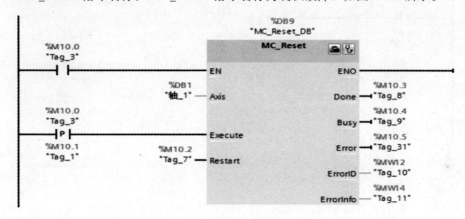

图 11-21　MC_Reset 指令

（2）MC_Reset 指令功能。MC_Reset 指令用来确认"伴随轴停止出现的运行错误"和"组态错误"。

（3）MC_Reset 指令使用要点。Execute 用上升沿触发。

（4）输入端。

1）EN，该输入端是 MC_Reset 指令的使能端。

2）Axis 端，轴名称。

3）Execute，MC_Reset 指令的启动位，用上升沿触发。

4）Restart，确认。

a. Restart＝0，用来确认错误。

b. Restart＝1，将轴的组态从装载存储器下载到工作存储器（只有在禁用轴的时候才能执行该命令）。

（5）输出端。除了 Done 指令，其他输出管脚同 MC_Power 指令。Done，表示轴的错误已确认。

4. MC_Home 指令

（1）MC_Home 指令名称。MC_Home 指令名称为回原点指令，如图 11-22 所示。

（2）MC_Home 指令功能。MC_Home 指令使轴归位，设置参考点，用来将轴坐标与实际的物理驱动器位置进行匹配。

（3）MC_Home 指令使用要点。轴做绝对位置定位前一定要触发。

（4）输入/输出端。部分输入/输出端没有具体介绍，可参考 MC_Power 指令中的说明。

1）Position，位置值。

a. Mode＝1 时，对当前轴位置的修正值。

b. Mode＝0、2、3 时，轴的绝对位置值。

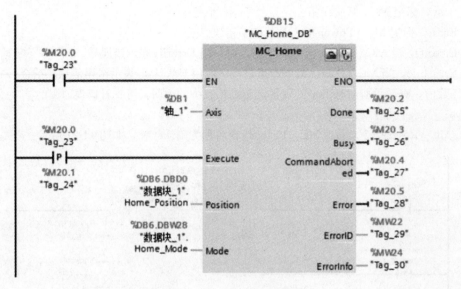

图 11-22　MC_Home 指令

2）Mode，回原点模式值。

a. Mode＝0，绝对式直接回零点，如图 11-23 所示。轴的位置值为参数"Position"的值。该模式下的 MC_Home 指令触发后轴并不运行，也不会去寻找原点开关。指令执行后的结果是，轴的坐标值更直接新成新的坐标，新的坐标值就是 MC_Home 指令"Position"的值。图 11-23 中，"Position"为 0.0mm，则轴的当前坐标值也就更新成了 0.0mm。该坐标值属于"绝对"坐标值，也就是相当于轴已经建立了绝对坐标系，可以进行绝对运动。

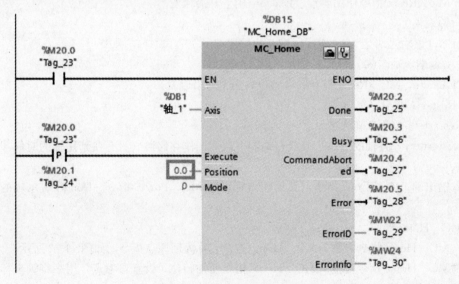

图 11-23　绝对式直接回零点

b. Mode＝1，相对式直接回零点，如图 11-24 所示。轴的位置值等于当前轴位置＋参数"Position"的值。与 Mode＝0 相同，以该模式触发 MC_Home 指令后轴并不运行，只是更新轴的当前位置值。更新的方式与 Mode＝0 不同，而是在轴原来坐标值的基础上，加上"Position"数值后得到的坐标值作为轴当前位置的新值。图 11-24 中，执行 MC_Home 指令后，轴的位置值变

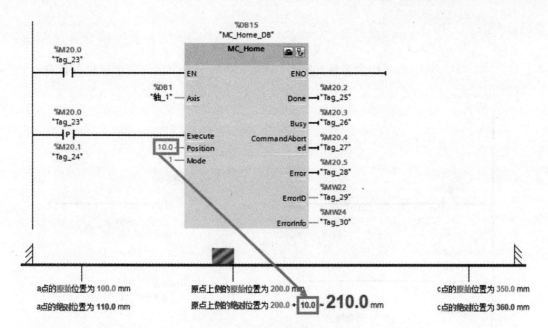

图 11-24 相对式直接回零点

成了 210mm，相应的 a 点和 c 点的坐标位置值也相应更新成新值。

c. Mode＝2，被动回零点，轴的位置值为参数 "Position" 的值。

d. Mode＝3，主动回零点，轴的位置值为参数 "Position" 的值。

注意：用户可以通过对变量＜轴名称＞. StatusBits. HomingDone＝TRUE 与运动控制指令 "MC＿Home" 的输出参数 Done＝TRUE 进行与运算，来检查轴是否已回原点。

5. MC＿Halt 指令

（1）MC＿Halt 指令名称。MC＿Halt 指令名称为停止轴运行指令，如图 11-25 所示。

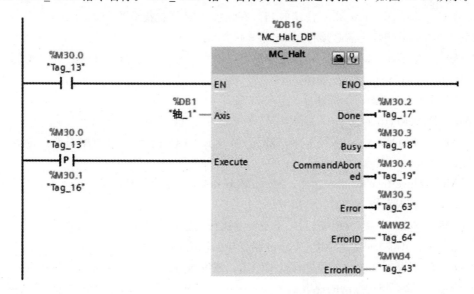

图 11-25 MC＿Halt 指令

（2）MC＿Halt 指令功能。MC＿Halt 指令停止所有运动并以组态的减速度停止轴。

（3）MC＿Halt 指令使用技巧。常用 MC＿Halt 指令来停止通过 MC＿MoveVelocity 指令触

发的轴的运行。

6. MC_MoveAbsolute 指令

（1）MC_MoveAbsolute 指令名称。MC_MoveAbsolute 指令名称为绝对位置指令，如图11-26 所示。

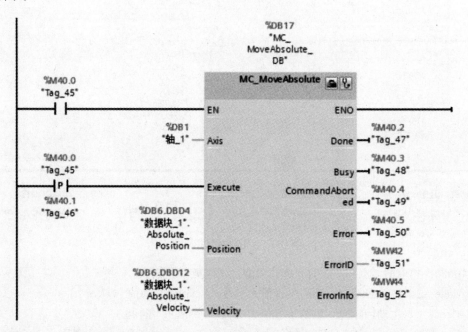

图 11-26　MC_MoveAbsolute 指令

（2）MC_MoveAbsolute 指令功能。MC_MoveAbsolute 指令使轴以某一速度进行绝对位置定位。

（3）MC_MoveAbsolute 指令使用技巧。在使能绝对位置指令之前，轴必须回原点。因此MC_MoveAbsolute 指令之前必须有 MC_Home 指令。

（4）输入/输出端。部分输入/输出管脚没有具体介绍，可参考 MC_Power 指令中的说明。

1）Position 端，绝对目标位置值。

2）Velocity 端，绝对运动的速度。

7. MC_MoveRelative 指令

（1）MC_MoveRelative 指令名称。MC_MoveRelative 指令名称为相对距离指令，如图11-27所示。

（2）MC_MoveRelative 指令功能。MC_MoveRelative 指令使轴以某一速度在轴当前位置的基础上移动一个相对距离。

MC_MoveRelative 指令使用技巧，不需要轴执行回原点命令。

（3）输入/输出端。可参考 MC_Power 指令中的说明。

1）Distance，相对于轴当前位置移动的距离，该值通过正/负数值来表示距离和方向。

2）Velocity 端，相对运动的速度。

8. MC_MoveVelocity 指令

（1）MC_MoveVelocity 指令名称。MC_MoveVelocity 指令名称为速度运行指令，如图11-28所示。

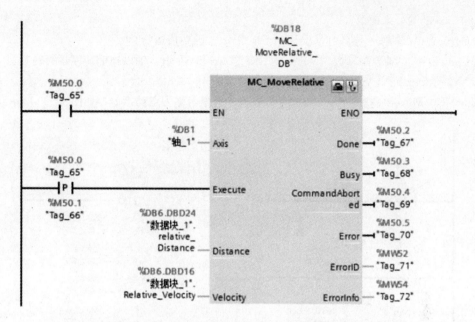

图 11-27 MC _ MoveRelative 指令

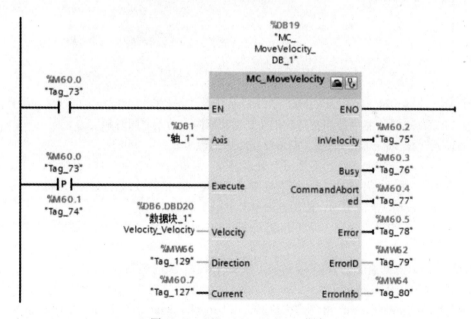

图 11-28 MC _ MoveVelocity 指令

（2）MC _ MoveVelocity 指令功能。MC _ MoveVelocity 指令使轴以预设的速度运行。

（3）输入/输出端。可参考 MC _ Power 指令中的说明。

1）Velocity，轴的速度。可以设定"Velocity"数值为 0.0，触发指令后轴会以组态的减速度停止运行，相当于 MC _ Halt 指令。

2）Direction，方向数值。

a. Direction＝0，旋转方向取决于参数"Velocity"值的符号。

b. Direction＝1，正方向旋转，忽略参数"Velocity"的符号。

c. Direction＝2，负方向旋转，忽略参数"Velocity"值的符号。

3）Current 端，当前值。

a. Curren＝0，轴按照参数"Velocity"和"Direction"值运行。

b. Current＝1，轴忽略参数"Velocity"和"Direction"值，轴以当前速度运行。

9. MC_MoveJog 指令

（1）MC_MoveJog 指令名称。MC_MoveJog 指令名称为点动指令，如图 11-29 所示。

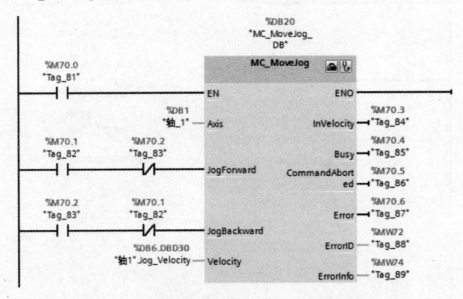

图 11-29　MC_MoveJog 指令

（2）MC_MoveJog 指令功能。MC_MoveJog 指令在点动模式下以指定的速度连续移动轴。

（3）MC_MoveJog 指令使用技巧：正向点动和反向点动不能同时触发。

（4）输入/输出端。可参考 MC_Power 指令中的说明。

1）JogForward，正向点动，不是用上升沿触发，JogForward 为 1 时，轴运行；JogForward 为 0 时，轴停止。类似于按钮功能，按下按钮，轴就运行，松开按钮，轴停止运行。

2）JogBackward，反向电动，使用方法参考 JogForward。

3）注意在执行点动指令时，保证 JogForward 和 JogBackward 不会同时触发，可以用逻辑进行互锁。

4）Velocity，点动速度。Velocity 数值可以实时修改，实时生效。

10. MC_ChangeDynamic 指令

（1）MC_ChangeDynamic 指令名称，MC_ChangeDynamic 指令名称为更改动态参数指令，如图 11-30 所示。

（2）MC_ChangeDynamic 指令功能，MC_ChangeDynamic 指令更改轴的动态设置参数，包括：加速时间（加速度）值、减速时间（减速度）值、急停减速时间（急停减速度）值、平滑时间（冲击）值。

（3）输入/输出端。可参考 MC_Power 指令中的说明。

1）ChangeRaiupUp，更改"RampUpTime"参数值的使能端。当该值为 0 时，表示不进行"RainpUpTime"参数的修改；该值为 1 时，进行"RampUpTime"参数的修改。每个可修改的参数都有相应的使能设置位，这里只介绍一个。当触发 MC_ChangeDynamic 指令（见图 11-30）的 Execute 管脚时，使能修改的参数值将被修改，不使能的不会被更新。

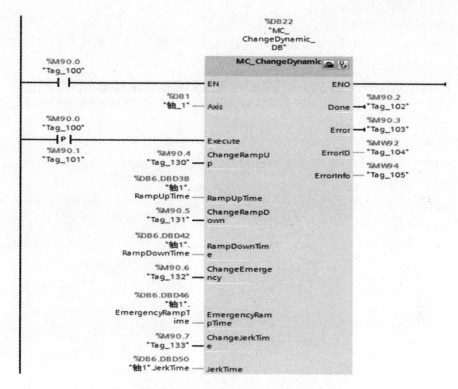

图 11-30　MC _ ChangeDynamic 指令

2）RampUpTime，轴参数中的"加速时间"，加减速时间设置如图 11-31 所示。

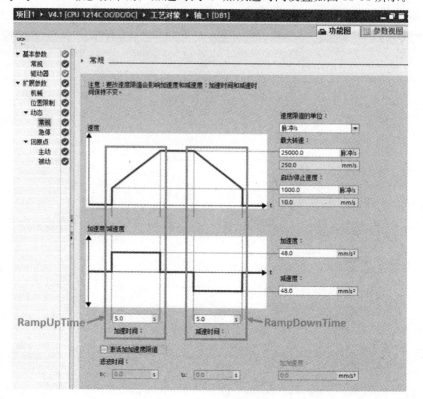

图 11-31　加减速时间设置

3）RampDownTime，轴参数中的"减速时间"。

4）EmergencyRainpTime，轴参数中的"急停减速时间"，急停减速时间设置如图 11-32 所示。

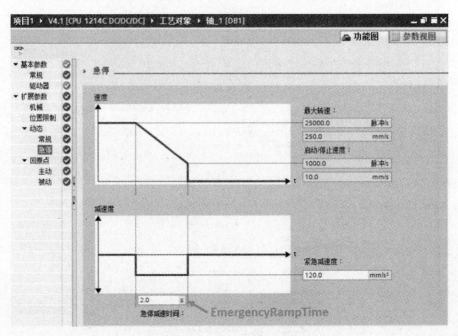

图 11-32　急停减速时间设置

5）Jerklime，轴参数中的"平滑时间"，平滑滤波时间设置如图 11-33 所示。

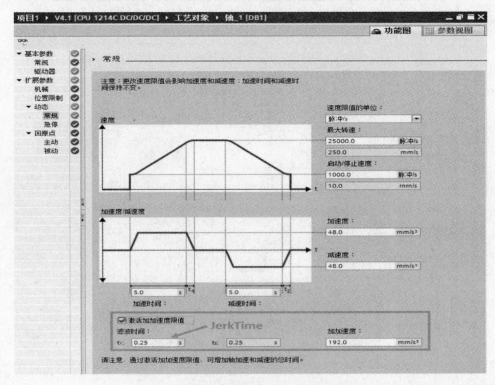

图 11-33　平滑滤波时间设置

11. MC ＿ WriteParam 指令

（1）MC ＿ WriteParam 指令名称。MC ＿ WriteParam 指令名称为写参数指令，如图 11-34 所示。指令的参数类型为 Bool，与 "Parameter" 数据类型一致。

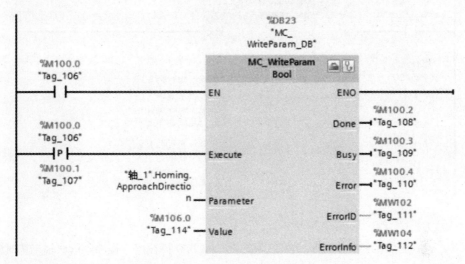

图 11-34　MC ＿ WriteParam 指令

（2）MC ＿ WriteParam 指令功能。MC ＿ WriteParam 指令可在用户程序中写入或是更改轴工艺对象和命令表对象中的变量。

（3）输入/输出端。可参考 MC ＿ Power 指令中的说明。

Parameter，输入需要修改的轴的工艺对象的参数，数据类型为 VARIANT 指针。

Value，根据 "Parameter" 数据类型，输入新参数值所在的变量地址。图 11-34 中，以回原点方向为例，"Parameter" 输入，〈轴名称〉. Homing. ApproachDirection，如图 11-35 所示。由于该轴的名称为 "轴 ＿ 1"，所以例子中的地址就是，"轴 ＿ 1 ". Homing. ApproachDirection。该变量是 Bool 类型的变量，因此在 "Value" 中输入一个 Bool 类型的变量地址，同时指令的参数类型也是 Bool1。

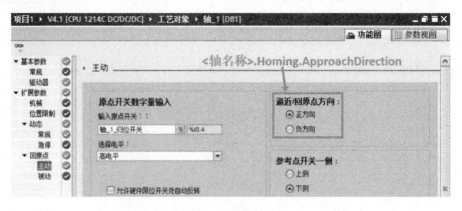

图 11-35　Value 示例

12. MC ＿ ReadParam 指令

（1）MC ＿ ReadParam 指令名称。MC ＿ ReadParam 指令名称为读参数指令，如图 11-36 所示。

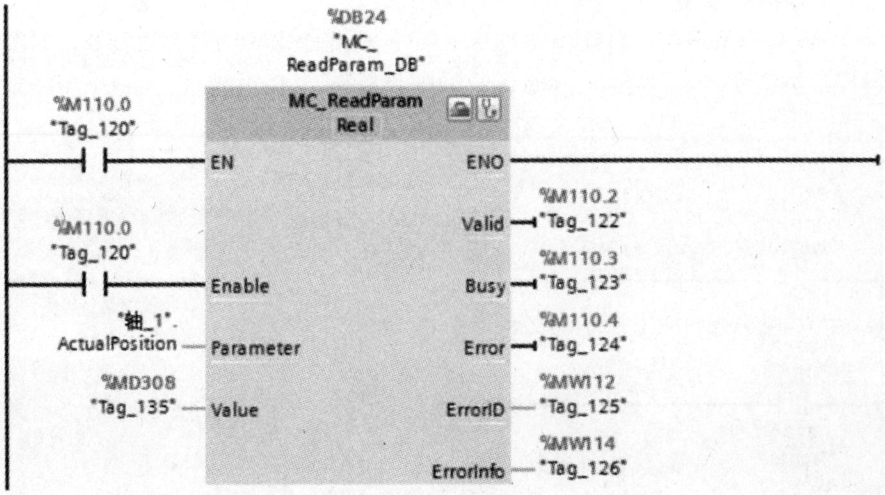

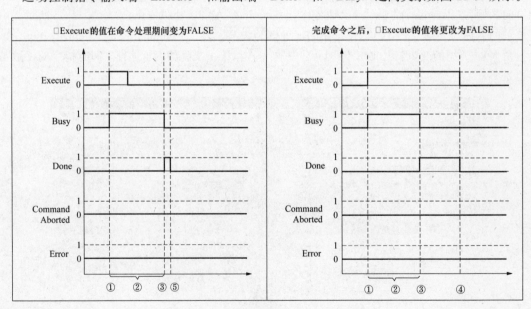

图 11-36　MC_ReadParam 指令

（2）MC_ReadParam 指令功能。MC_ReadParam 指令可在用户程序中读取轴工艺对象和命令表对象中的变量。

（3）输入/输出端。Enable，可以一直使能读取指令。该例子读取的是轴的实际位置值，读到的数值放在"Value"中。可以读取变量包括轴的位置和速度变量、回原点变量、单位变量、机械变量、轴 StatusPositioning 变量、轴的 DynamicDefaults 变量、PositionLimitesSW 软限位变量、PositionLiinitesHW 硬限位变量等。其余可参考 MC_Power 指令中的说明。

13．运动指令输入、输出关系

运动控制指令输入端"Execute"和输出端"Done"和"Busy"之间关系如图 11-37 所示。

图 11-37　运动指令输入、输出关系

（1）输入参数"Execute"出现上升沿时启动命令。根据编程情况"Execute"在命令的执行过程中仍然可能复位为值 FALSE，或者保持为值 TURE，直到命令执行完成为止。

（2）激活命令时，输出参数 Busy 的值将为 TRUE。

（3）命令执行结束后，如对于运动控制指令"MC_Home"回原点已成功，输出参数"Busy"为 FALSE，"Done"亦为 TRUE。

（4）如果"Execute"的值在命令完成之前保持为 TRUE，则"Done"的值也将保持为 TRUE 并且其值随"Execute"一起变为 FALSE。

（5）如果"Execute"在命令队列完成之前设置为 FALSE，则"Done"的值仅在一个执行周期内为 TRUE。

如果用户用｛p｝指令触发带有"Execute"管脚的指令，则该指令的"Done"只在一个扫描周期内为 1，可以用于触发输出辅助继电器，在监控程序时看不到 Done 位为 1。

三、S7-1200 PLC 运动控制组态

1. PLC 输入/输出（I/O）分配

PLC 的 I/O 分配见表 11-3。

表 11-3   PLC 的 I/O 分配

输入			输出		
元件名称	符号	输入点	元件名称	符号	输出点
机械零点	LB0	I0.0	脉冲输出	PU1	Q0.0
回原点	SB3	I0.3	步进电机方向	DR1	Q0.1
左移限位	SQ3	I1.0	下移电磁阀	KV1	Q0.4
右移限位	SQ4	I1.1	上移电磁阀	KV2	Q0.5
手动上升	SB4	I1.2	夹紧电磁阀	KV3	Q0.6
手动下降	SB5	I1.3			
手动左移	SB6	I1.4			
手动右移	SB7	I1.5			

2. 轴运动控制组态

（1）创建运动控制项目。

1）启动 TIA 博图 PLC 编程软件。

2）创建新项目 11。

（2）设备组态。

1）打开设备组态窗口。

2）添加 PLC_1［CPU1214C DC/DC/DC］。

（3）定义脉冲发生器。

1）单击项目树 PLC 文件夹下的工艺对象左边箭头，展开工艺对象目录，如图 11-38 所示。

2）双击插入新对象，弹出"新增对象"对话框。

3）在"新增对象"对话框的名称栏输入新对象名称"轴_1"。

4）选择运动控制，在轴名称下，选择"TO_PositioningAxis"位置运动，单击"确定"按钮。

5）常规选项中，选择 PTO 脉冲发生器，如图 11-39 所示。

6）硬件接口设置如图 11-40 所示，在硬件接口中，选择脉冲发生器为"Pules_1"，信号类

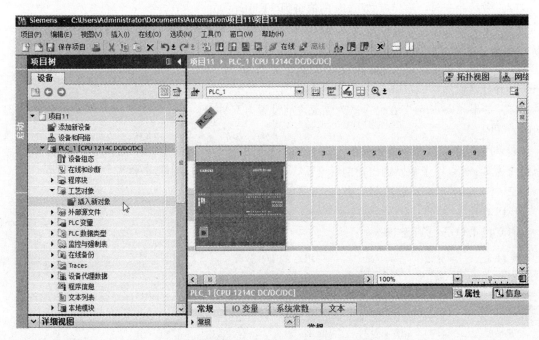

图 11-38　展开工艺对象

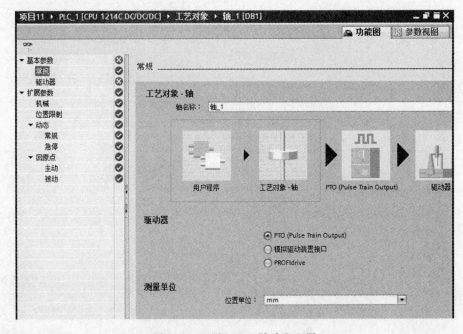

图 11-39　选择 PTO 脉冲发生器

型选择"脉冲 A 和方向 B"，输出点自动选择，脉冲输出为 Q0.0，方向输出为 Q0.1。

7）机械组态参数设置如图 11-41 所示，电机每转脉冲为 200，每转负载位移 1mm。

8）位置控制组态参数设置如图 11-42 所示。在硬件位置限位中，设置左移限位、右移限位，激活方式选择低电平。在碰到硬件限位开关时，"轴"将使用急停减速斜坡停止。在软件限位达到时，激活的"运动"将停止，工艺对象报故障，在故障被确认后，恢复在原动态范围内运动。

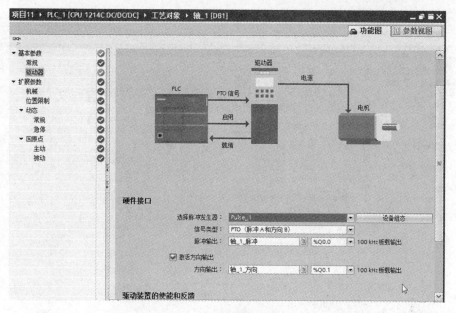

图 11-40 硬件接口设置

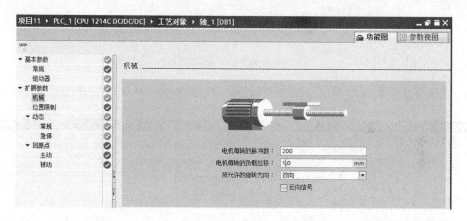

图 11-41 机械组态参数设置

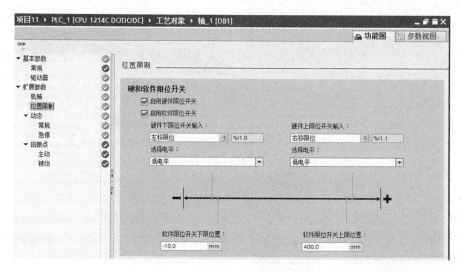

图 11-42 位置控制组态参数设置

9）动态常规参数设置如图 11-43 所示，加、减速时间设置为 0.1s。

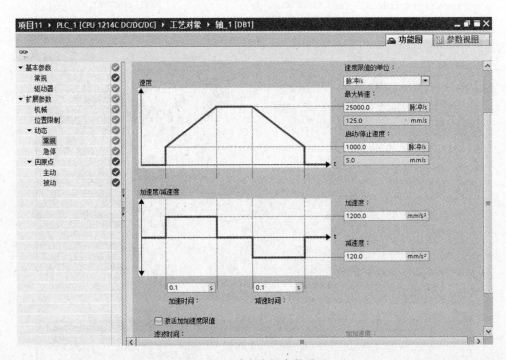

图 11-43 动态常规参数设置

10）急停设置如图 11-44 所示，需要设置最大速度减速到启动/停止速度的紧急减速度。

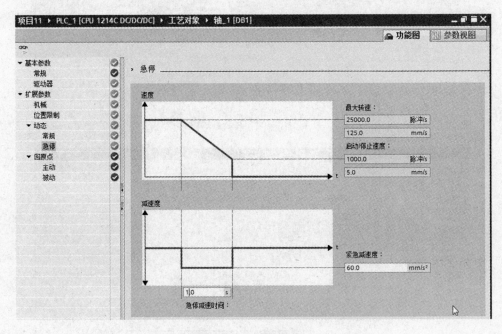

图 11-44 急停设置

11）回原点组态设置，如图 11-45 所示。回原点组态中，设置输入原点（机械零点）开关，一般使用数字量输入作为参考点开关。设置"允许硬件限位开关处反转"选项使能后，在轴碰到

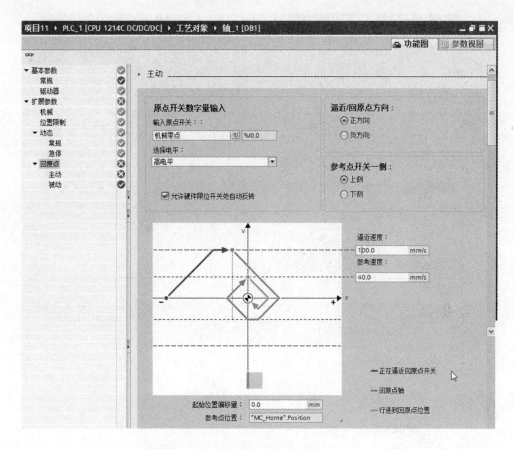

图 11-45　回原点组态设置

原点前，碰到硬限位开关，系统认为原点在反方向。若没有激活该功能，碰到硬件限位开关，则在回原点过程中，会因为错误而被取消，并紧急停止。逼近/回原点方向，定义在回原点过程中的初始方向，正方向或反方向。参考点开关一侧，可以设置为上侧或下侧。逼近速度为进入原点区域的速度，参考速度为原点区域的速度。原点位置的偏移量为原点位置与实际位置的有差值时，重新输入距离原点的偏移量。

3. 轴运动控制程序

（1）启用不带已组态驱动器接口的轴程序如图 11-46 所示。

1）直接使用 M11.0 常闭触点使能启用轴指令。

2）在轴 Axis 对象输入端直接指定"轴 _1"。

3）在 Enable 使能端，直接使用"True"。在组态驱动装置的使能和反馈时，没有选择使能输出，直接将选择就绪输入设置为"True"。由于 Enable 使能端直接为"True"，所以只要启用轴命令执行，轴 _1 就被启用。

（2）回原点程序如图 11-47 所示。

1）回原点的"Execute"执行端连接辅助继电器 M11.2。

2）回原点模式"Mode"端为 3，选择主动回原点模式 3。

3）在手动控制程序，可以脉冲驱动辅助继电器 M11.2，即可驱动轴 _1 按主动回原点模式 3 回到原点。

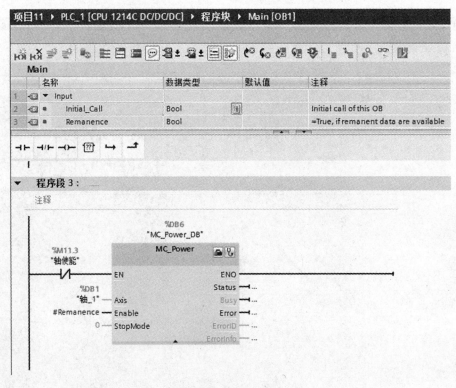

图 11-46　启用轴程序

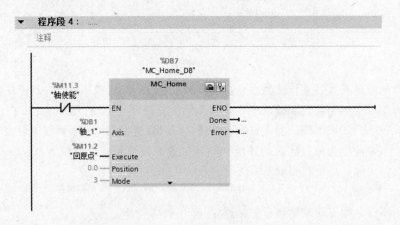

图 11-47　回原点程序

（3）点动控制程序如图 11-48 所示。

1）点动的"JogForward"向前行端连接辅助继电器 M11.0 左点动，只要驱动辅助继电器 M11.0 一直为"1"，轴 _1 就会通过步进驱动器带动电机、丝杠前向运行。

2）点动的"JogBackward"后退端连接辅助继电器 M11.1 右点动，只要驱动辅助继电器 M11.1 一直为"1"，轴 _1 就会通过步进驱动器带动电机、丝杠后退运行。

四、PLC 步进电机定位机械手控制

（1）PLC 输入/输出（I/O）分配。PLC 的 I/O 分配见表 11-4。

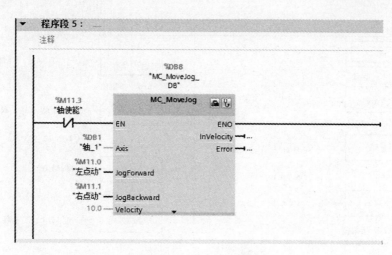

图 11-48 点动控制程序

表 11-4　　　 PLC 的 I/O 分配

输入			输出		
元件名称	符号	输入点	元件名称	符号	输出点
机械零点	LB0	I0.0	脉冲输出	PU1	Q0.0
启动按钮	SB1	I0.1	步进电机方向	DR1	Q0.1
停止按钮	SB2	I0.2	下移电磁阀	KV1	Q0.4
回原点按钮	SB3	I0.3	上移电磁阀	KV2	Q0.5
手动/自动	S1	I0.4	夹紧电磁阀	KV3	Q0.6
单周/连续	S2	I0.5			
下限位开关	SQ1	I0.6			
上限位开关	SQ2	I0.7			
左移限位	SQ3	I1.0			
右移限位	SQ4	I1.1			
手动上升	SB4	I1.2			
手动下降	SB5	I1.3			
手动左移	SB6	I1.4			
手动右移	SB7	I1.5			

图 11-49 PLC 步进电机定位
机械手控制的接线图

（2）PLC 步进电机定位机械手控制的接线图如图 11-49 所示。

（3）PLC 步进电机定位机械手控制自动循环运行状态转移图如图 11-50 所示。

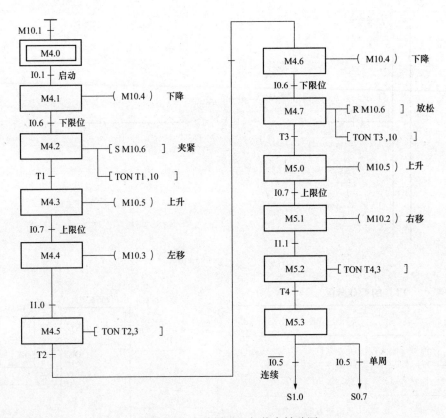

图 11-50　自动循环运行状态转移图

　技能训练

一、训练目标

（1）能够正确设计步进电机定位机械手控制的 PLC 程序。

（2）能正确输入和传输 PLC 控制程序。

（3）能够独立完成步进电机定位机械手控制线路的安装。

（4）按规定进行通电调试，出现故障时，应能根据设计要求进行检修，并使系统正常工作。

二、训练步骤与内容

1. 设计 PLC 步进电机定位机械手控制程序

（1）确定 PLC 的 I/O 分配。

（2）启动 TIA 博途软件，组态 PLC 和"轴 _ 1"。

（3）在组态"轴 _ 1"工艺对象时，取消主动回原点中的允许硬件限位开关处自动反转。

（4）取消机械硬件限位，软件限位分别设置下限为－20mm 和设置上限为＋300mm。

（5）设计步进电机运动控制程序。

（6）设计手动运动控制程序。

（7）设计自动运行控制程序。

（8）在 main 主模块 OB1 中调用手动、自动程序。

（9）在 OB1 中，合并左点动、右点动控制。

（10）在自动运行中通过左极限点开关、右极限开关控制步进的运行和转换。

2. 安装、调试与运行

（1）PLC 按图 11-49 所示接线。

（2）将步进电机定位机械手控制程序下载到 PLC。

（3）使 PLC 处于运行状态。

（4）切换到手动运行状态。

（5）按下手动左移按钮 SB6，观察步进电机的运行，观察水平机械手的运行。

（6）按下手动右移按钮 SB7，观察步进电机的运行，观察水平机械手的运行。

（7）按下回原点按钮 SB3，观察系统回原点过程。

（8）按下停止按钮 SB2，观察系统是否停止。

（9）切换到自动运行状态。

（10）按下启动按钮 SB1，观察 PLC 输出 Q0.0～Q0.6 的变化，观察步进电机定位机械手的运行。

（11）按下停止按钮，使系统停止运行。

（12）按下回原点按钮，使系统回原点。

（13）切换到单周运行状态。

（14）按下启动按钮，观察 PLC 步进电机定位机械手的单周运行过程。

（15）按下停止按钮，使系统停止运行。

（16）按下回原点按钮，使系统回原点。

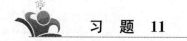

习 题 11

1. 分析四相 8 拍步进电机运行模式下步进电机各相绕组得电、失电条件，使用 S7-1200 系列 PLC 的 RS 触发器指令控制步进电机的运行。

2. 使用 S7-1200 系列 PLC 控制步进电机点动运行。

项目十二 模拟量控制

学习目标

学会用 PLC 模拟量控制。

任务 19 模拟量混料控制

基础知识

一、S7-1200 系列 PLC 的模拟量处理模块

S7-1200 系列 PLC 主模块常用于处理数字量信号，若要处理模拟量信号，通常采用模拟量模块来处理。ADC 模/数转换模块将模拟信号转换为数字量，DAC 数模转换模块将数字量转换为模拟量输出。西门子 S7-1200PLC 的一个模拟量模块通常有多个通道，每个通道的输入信号转换是顺序执行的，轮流被转换并存入结果寄存器中。可用 "MOVE" 指令直接访问模数转换的结果，也可用 "MOVE" 指令，直接向模拟量输出模块写入模拟量的数值，通过 DAC 数模转换器变换为标准模拟量输出。

1. 模拟量输入模块

模拟量输入模块有多种，主要型号有 4 通道模拟量模块（SM 1231 AI 4×13 位）、8 通道模拟量模块（SM 1231 AI 8×13 位）和混合模拟量模块（SM 1234 AI 4×13 位 AQ 2×14 位）。

（1）常用模拟量模块性能见表 12-1。

表 12-1　　　　　　　　　　　　常用模拟量输入模块性能

型　号	SM 1231 AI 4×13 位	SM 1231 AI 8×13 位	SM 1234 AI 4×13 位 AQ 2×14 位
输入路数	4	8	4
输入类型	电源或电流（差动）；可两个选为 1 组		
输入范围	±10V、±5V、±2.5 V 或 0 到 20mA		
输入量程（数据字）	−27648 到 27648		
输入过冲（数据字）	电压：32511～27649/−27649～−32512； 电流：32511～27649/0～−4864		
输入上溢（数据字）	电压：32511～27649/−27649～−32512； 电流：32511～27649/−4864～−32512		

型　　号	SM 1231 AI 4×13 位	SM 1231 AI 8×13 位	SM 1234 AI 4×13 位 AQ 2×14 位
分辨率	12 位＋符号位		
最大耐压/耐流	±35V/±40mA		
平滑	无、弱、中或强		
噪声抑制	400、60、50Hz 或 100Hz		
阻抗	≥9MΩ（电压）/250Ω（电流）		
量程精度 25℃/0～55℃	满量程的±0.1%/±0.2%		
转换时间	6.25μs		
工作信号范围	共模信号小于＋12V 大于－12V		
电缆长度	100m，屏蔽双绞线		

（2）模拟量输入模块接线图。模拟量输入模块的电气接线、电压输入、电流输入的接线都是相同的，选择模拟电压输入、模拟电流输入通过硬件组态选择。模拟量输入模块接线图如图 12-1 所示。

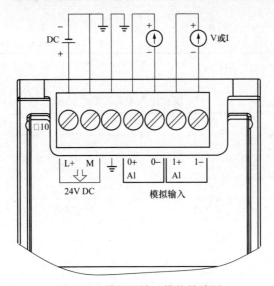

图 12-1　模拟量输入模块接线图

（3）模拟输入电压表示见表 12-2。

表 12-2　　　　　　　　　　　　模拟输入电压表示

十进制	十六进制	电压测量范围					
		±10V	±5V	±2.5V	注释	0～10V	
32767	7FFF	11.851V	5.926V	2.963V	上溢	11.851V	
32512	7F00						
32511	7EFF	11.759V	5.879V	2.940V	过冲	11.759V	
27649	6C10						

续表

十进制	十六进制	电压测量范围					
		±10V	±5V	±2.5V	注释	0～10V	
27648	6C00	10V	5V	2.5V		10V	
20736	5100	7.5V	3.75V	1.875V		7.5V	额定测量范围
1	1	361.7μV	180.8μV	90.4μV		361.7μV	
0	0	0V	0V	0V	额定测量范围	0V	
−1	FFFF						
−20736	AF00	−7.5V	−3.75V	−1.875V			
−27648	9400	−10V	−5V	−2.5V		不允许负值	
−27649	93FF				下冲		
−32512	8100	−11.759V	−5.879V	−2.940V			
−32513	80FF				下溢		
−32767	8000	−11.851V	−5.926V	−2.963V			

（4）模拟输入电流表示见表 12-3。

表 12-3　　　　　　　　　　　　模拟输入电流表示

十进制	十六进制	测量范围	
		0～20mA	注释
32767	7FFF	23.7mA	上溢
32512	7F00		
32511	7EFF	23.52mA	上冲
27649	6C10		
27648	6C00	20mA	
20736	5100	15mA	额定测量范围
1	1	723.4mA	
0	0	0mA	
−1	FFFF		下冲
−4864	AF00	−3.52mA	
−4865	9400		下溢
−27648	93FF		

2. 模拟量输出模块

模拟量输出模块有多种，主要型号有 2 通道模拟量输出模块（SM 1232 AQ 2×14 位）、4 通道模拟量输出模块（SM 1232 AQ 4×14 位）和混合模拟量模块（SM 1234 AQ 4×13 位 AQ 2×14 位）。

（1）常用模拟输出模块性能见表 12-4。

表 12-4 常用模拟量输出模块性能

型　　号	SM 1232 AQ 2×14 位	SM 1232 AQ 4×14 位	SM 1234 AI 4×13 位 AQ 2×14 位
输出路数	2	4	2
输出类型	电源或电流		
输出范围	±10V 或 0 到 20mA		
分辨率	电压：14 位；电流：13 位		
输出量程（数据字）	电压：−27648～27648； 电流：0～27648		
量程精度 25℃/0～55℃	满量程的±0.3％/±0.26％		
稳定时间	电压：300μs、750μs；电流：600μs（1mH）、2μs（10mH）		
阻抗	电压≥1000Ω；电流≤250Ω		
电缆长度	100m，屏蔽双绞线		

（2）模拟量输出模块接线图如图 12-2 所示。

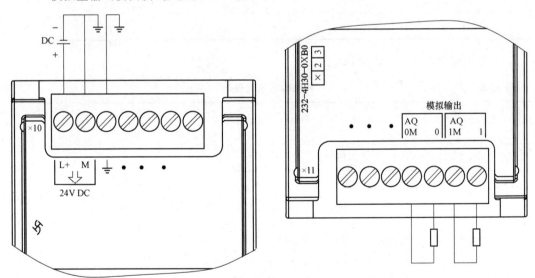

图 12-2　模拟量输出模块接线图

（3）模拟输出电压表示见表 12-5。

表 12-5 模拟输出电压表示

十进制	十六进制	电压输出	
		±10V	注释
32767	7FFF		上溢
32512	7F00		

续表

十进制	十六进制	电压输出	
		±10V	注释
32511	7EFF	11.76V	过冲
27649	6C10		
27648	6C00	10V	电压输出范围
20736	5100	7.5V	
1	1	361.7μV	
0	0	0V	
−1	FFFF		
−20736	AF00	−7.5V	
−27648	9400	−10V	
−27649	93FF		下冲
−32512	8100	−11.76V	
−32513	80FF		下溢
−32767	8000		

（4）模拟输出电流表示见表12-6。

表 12-6　　　　　　　　　　模拟输出电流表示

十进制	十六进制	输出电流	
		0~20mA	注释
32767	7FFF	23.7mA	上溢
32512	7F00		
32511	7EFF	23.52mA	上冲
27649	6C10		
27648	6C00	20mA	电流输出范围
20736	5100	15mA	
1	1	723.4mA	
0	0	0mA	
−1	FFFF		下冲
−4864	AF00		
−4865	9400		下溢
−27648	93FF		

二、化工混料控制

1. 控制要求

（1）按下启动按钮，系统开始运行；按下停止按钮，系统停止。

（2）将 A、B 两种化工原料分别通过进料阀 A、B 送入混料罐。

（3）当混料罐液位达到罐容积的 80% 时，关闭进料阀 A、B，停止进料。

（4）开搅拌机搅拌 30min，然后停止搅拌机。

（5）打开排料阀、排料泵，将混合好的料从混合罐排出。

（6）当混料罐液位低于罐容积的 10% 时，关闭排料阀、排料泵，停止排料。

（7）若系统为自动运行状态，则开始下一轮循环。

2. 化工混料控制程序

（1）PLC 控制系统接线图。根据控制要求设计的 PLC 控制系统接线图如图 12-3 所示。

（2）PLC 控制流程图。根据控制要求，设计的 PLC 控制流程图如图 12-4 所示。

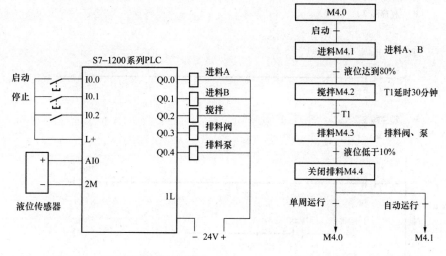

图 12-3　PLC 控制系统接线图　　　　图 12-4　PLC 控制流程图

（3）初始化启动程序。在初始化时，M1.0 为初始化脉冲，置位 M4.0。按下启动按钮，系统进入 M4.1 状态。初始化启动程序如图 12-5 所示。

（4）进料控制程序。在 M4.1 状态。置位 Q0.0、Q0.1，打开进料阀 A、B，开始进料，液位开始上升。当液位上升到 80%（模数转换值为 22118），退出进料程序。进料控制程序如图 12-6 所示。

（5）搅拌控制程序。在 M4.2 状态，停止进料，启动搅拌器，开始减料搅拌。搅拌 30min，退出搅拌过程。搅拌控制程序如图 12-7 所示。

（6）排料程序。状态 M4.3 时，搅拌完成，置位 Q0.3、Q0.4，开始排料。液位降低到罐容积的 10%，停止排料。排料程序如图 12-8 所示。

（7）选择控制程序在 M4.4 选择控制中，单周时，转移到 M4.0。自动运行时，转移到 M4.1。选择控制程序如图 12-9 所示。

（8）停止控制程序。按下停止按钮，先复位 M4.0~M4.4，再复位 Q0.0~Q0.4。在停止按钮动作的下降沿，置位 M4.0，为下一次运行作好准备。停止控制程序如图 12-10 所示。

（9）添加初始化启动模块，在初始化模块中，直接驱动 M1.0，形成初始化脉冲。

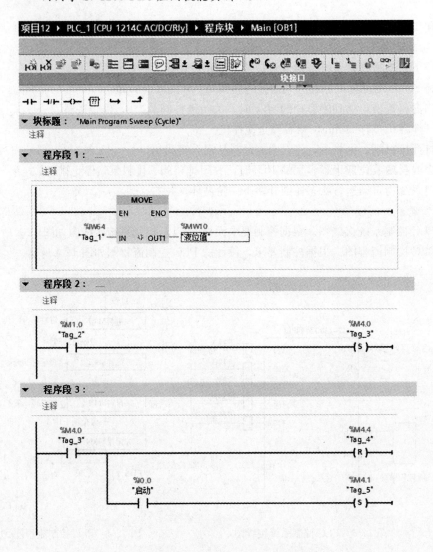

图 12-5　初始化启动程序

图 12-6　进料控制程序

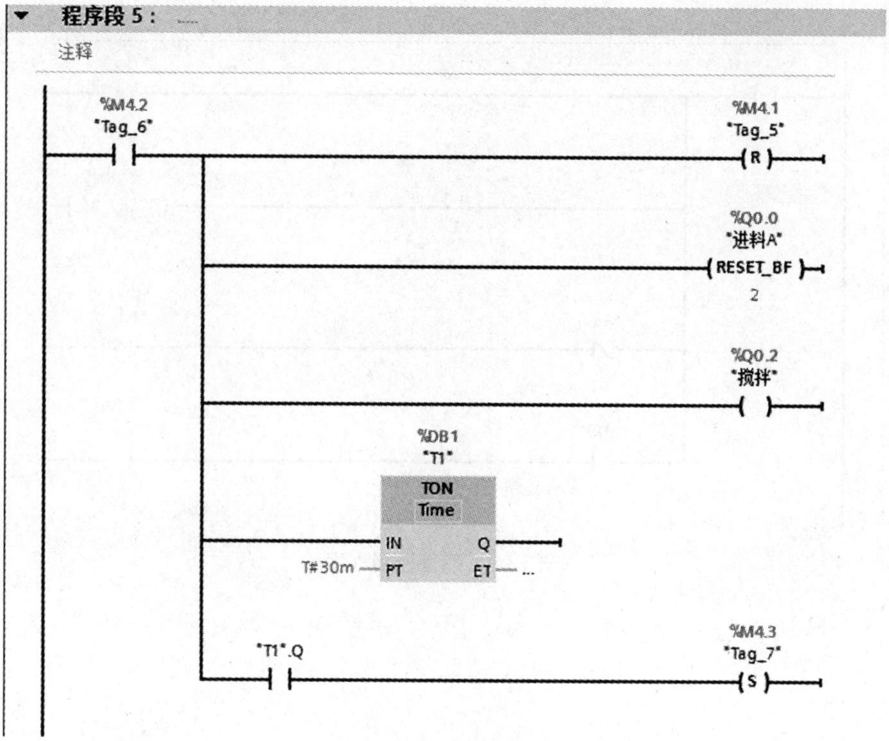

图 12-7 搅拌控制程序

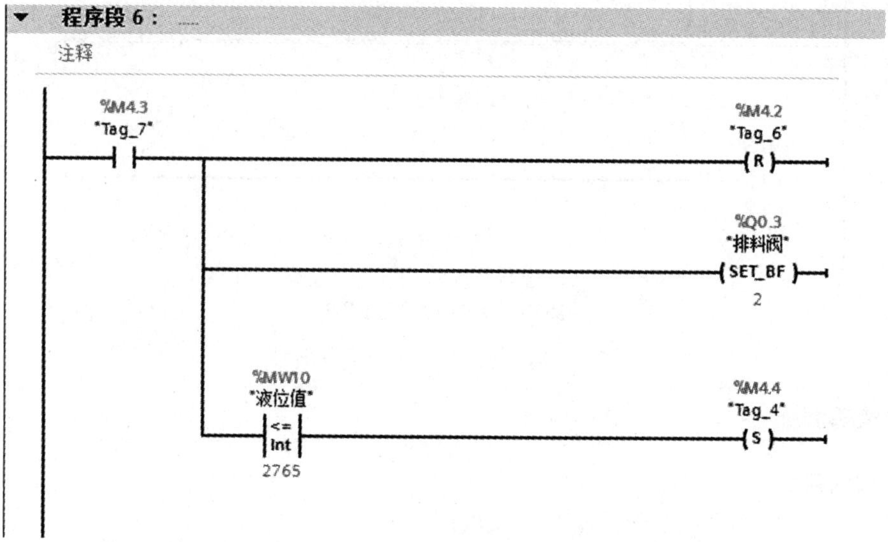

图 12-8 排料程序

▼ **程序段7**: ----

注释

```
  %M4.4                                                  %M4.3
  "Tag_4"                                                "Tag_7"
───┤├────────┬──────────────────────────────────────────( R )──────

                                                         %Q0.3
                                                         "排料阀"
                                                      ──( RESET_BF )──
                                                            2

                  %Q0.2                                  %M4.1
                  "单周"                                  "Tag_5"
            ──────┤/├──────────────────────────────────────( S )──────

                  %Q0.2                                  %M4.0
                  "单周"                                  "Tag_3"
            ──────┤├───────────────────────────────────────( S )──────
```

图 12-9　选择控制程序

▼ **程序段8**: ----

注释

```
  %Q0.1                                                  %M4.0
  "停止"                                                  "Tag_3"
───┤P├───────┬────────────────────────────────────────( RESET_BF )──
  %M6.0      │                                               6
  "Tag_9"    │
             │                                          %Q0.0
             │                                          "进料A"
             └───────────────────────────────────────( RESET_BF )──
                                                            5

  %Q0.1                                                  %M4.0
  "停止"                                                  "Tag_3"
───┤N├─────────────────────────────────────────────────────( S )──────
  %M6.1
  "Tag_10"
```

图 12-10　停止控制程序

 技能训练

一、训练目标

（1）能够正确设计化工混料控制 PLC 接线图。

（2）能够正确设计化工混料控制 PLC 程序。

（3）能正确输入和传输 PLC 控制程序。

（4）能够独立完成化工混料控制线路的安装。

（5）按规定进行通电调试，出现故障时，应能根据设计要求进行检修，并使系统正常工作。

二、训练步骤与内容

1. 输入 PLC 程序

(1) 软元件分配。PLC 软元件分配见表 12-7。

表 12-7   **PLC 软元件分配**

元件名称	软元件	作用
按钮 1	I0.0	启动
按钮 2	I0.1	停止
开关 1	I0.2	单周
电磁阀 1	Q0.0	进料 A
接触器 2	Q0.1	进料 B
接触器 1	Q0.2	搅拌
电磁阀 3	Q0.3	排料阀
接触器 2	Q0.4	排料泵

(2) 设计初始化程序。

(3) 设计进料程序。

(4) 设计搅拌程序。

(5) 设计排料程序。

(6) 设计选择程序。

(7) 设计停止程序。

2. 系统安装与调试

(1) PLC 接线如图 12-3 所示。

(2) 将 PLC 控制程序下载到 PLC。

(3) 使 PLC 处于连线运行状态。

(4) 按下启动按钮 SB1，观察进料 A、B 的动作，观察进料过程。

(5) 进料结束时，观察液位。

(6) 观察搅拌过程。

(7) 观察排料过程。

(8) 观察排料液位变化。

(9) 按下停止按钮，观察 Q0.0～Q0.4 是否停止。

习 题 12

1. 简述如何使用 S7-1200 的模拟量模块。

2. 中央空调冷冻泵电机受三菱 A540 变频器控制，变频器运行频率为 0～50Hz，模拟控制电压为 0～10V。设计中央空调自动控制程序，控制要求如下。

(1) 按下启动按钮，全速（50Hz）启动冷冻泵，36s 后转入温差自动控制。

(2) 变频器加速时间为 8s，减速时间为 6s。

(3) 变频器避免在 20～25Hz 频率范围运行，以防震荡。

（4）具有手动和自动切换功能，手动时可调节变频器的运行频率。

（5）冷冻泵进、出水温差和变频器输出频率及 D/A 转换数字量间的关系见表 12-8。

表 12-8 温差、频率及 D/A 转换数字量间的关系

进、出水温差（℃）	变频器输出频率	D/A 转换数字量
$\Delta T \leqslant 1$	30	16588
$1 < \Delta T \leqslant 1.5$	32.5	17971
$1.5 < \Delta T \leqslant 2$	35	19353
$2 < \Delta T \leqslant 2.5$	37.5	20736
$2.5 < \Delta T \leqslant 3$	40	22118
$3 < \Delta T \leqslant 3.5$	42.5	23500
$3.5 < \Delta T \leqslant 4$	45	24883
$4 < \Delta T \leqslant 4.5$	47.5	26265
$\Delta T > 4.5$	50	27648

（6）按下停止按钮，系统停止运行。